수학 소녀의 비밀노트

두근두근
경우의 수

수학 소녀의 비밀노트
두근두근 경우의 수

2023년 5월 15일 1판 1쇄 발행

지은이 | 유키 히로시
옮긴이 | 오승민
펴낸이 | 양승윤

펴낸곳 | (주)와이엘씨
　　　　서울특별시 강남구 강남대로 354 혜천빌딩 15층
　　　　(전화) 555-3200 (팩스) 552-0436

출판등록 | 1987. 12. 8. 제1987-000005호
http://www.ylc21.co.kr

값 17,500원

ISBN 978-89-8401-248-6 04410
ISBN 978-89-8401-240-0 (세트)

- **영림카디널**은 (주)와이엘씨의 출판 브랜드입니다.
- 소중한 기획 및 원고를 이메일 주소(editor@ylc21.co.kr)로 보내주시면,
  출간 검토 후 정성을 다해 만들겠습니다.

수학 수업의 별미들

두근두근
경우의 수

유키 히로시 지음
오승민 옮김
전국수학교사모임 감수

전국수학
교사모임
추천도서

일본수학
협회 출판상
수상

영림카디널

감수의 글

고등학교 시절 나는 수학을 어떻게 배웠는지 지난날을 돌아봅니다.

개념을 완전히 이해하고 문제를 해결했는지 아니면 좋은 점수를 받기 위해 문제 풀이 방법만 쫓아다녔는지 말입니다. 지금은 입장이 바뀌어 학생들을 가르치는 선생님이 되었습니다. 수학을 어떻게 가르쳐야 할까? 제대로 개념을 이해시킬 수 있을까? 수학 공부를 어려워하는 학생들에게 이 내용을 이해시키려면 어떻게 해야 할까? 늘 고민합니다.

'수학을 어떻게, 왜 가르쳐야 하는 것일까?'라고 매일 스스로에게 반복하고 질문하며 그에 대한 답을 찾아다닙니다. 그러나 명확한 답을 찾지 못하고 다시 같은 질문을 되풀이하곤 합니다. 좀 더 쉽고 재밌게 수학을 가르쳐보려는 노력을 하는 가운데 이 책,《수학 소녀의 비밀노트》시리즈를 만났습니다.

수학은 인류의 역사상 가장 오래 전부터 발달해온 학문입니다. 수학은 인류가 물건의 수나 양을 헤아리기 위한 방법을 찾아 시작한 이래 수천년에 걸쳐 수많은 사람들에 의해 발전해 왔습니다. 그런데 오늘날 수학은 수와 크기를 다루는 학문이라는 말로는 그 의미를 다 담을 수 없는 고도의 추상적인 개념들을 다루고 있습니다. 이렇게 어렵고 복잡한 내용을 담게 된 수학을 이제 막 공부를 시작하는 학생들이나 일반인들이 이해하는 것은 더욱 힘들게 되었습니다. 그래서 더욱 수학을 어떻게 접근해야 쉽게 이해할 수 있을지 더 고민이 필요해졌습니다.

이 책의 등장인물들은 다양하고 어려운 수학 소재를 가지고, 일상에서 대화하듯이 편하게 이야기하고 있어 부담 없이 읽을 수 있습니다. 대화하는 장면이 머릿속에 그려지듯이 아주 흥미롭게 전개되어 기초가 없는 학생이라도 개념을 쉽게 이해할 수 있습니다. 또한 앞서 배웠던 개념을 잊어버려 공부에 어려움을 겪는 학생이어도 그 배운 학습 내용을 다시 친절하게 설명해주기에 걱정하지 않아도 됩니다. 더군다나 수학을 어떻게 쉽게 설명해야 할까 고민하는 선생님들에게 그 해답을 제시해주기도 합니다.

수학은 수와 기호로 표현합니다. 언어가 상호 간 의사소통을 하기 위한 최소한의 도구인 것과 같이 수학 기호는 수학으로 소통하는 사람들의 공통 언어라고 할 수 있습니다. 그러나 수학 기호는 우리가 일상에서 사용하는 언어와 달리 특이한 모양으로 되어 있어 어렵고 부담스럽게 느껴집니다. 이 책은 기호 하나라도 가볍게 넘어가지 않습니다. 새로운 기호를 단순히 '이렇게 나타낸다'가 아니라 쉽고 재미있게 이해할 수 있도록 배경을 충분히 설명하고 있어 전혀 부담스럽지 않습니다.

또한, 수학의 개념도 등장인물들의 자연스러운 대화를 통해 새롭고 흥미롭게 설명해줍니다. 이 책을 다 읽고 난 후 여러분은 자신도 모르게 수학에 대한 자신감이 한층 높아지고 수학에 대한 두려움이 즐거움으로 바뀌게 될지 모릅니다.

수학을 처음 접하는 학생, 수학 공부를 제대로 시작하고 싶지만 걱정이 앞서는 학생, 막연히 수학에 대한 두려움이 있는 학생, 수학 공부를 다시 도전하고 싶은 학생, 혼자서 기초부터 공부하고 싶은 학생, 심지어 수학을 어떻게 쉽고 재밌게 가르칠까 고민하는 선생님에게 이 책을 권합니다.

전국수학교사모임 회장

독자에게

이 책에서는 유리, 테트라, 미르카, 그리고 '나'의 수학 토크가 펼쳐진다.

무슨 이야기인지 이해하기 어려워도, 수식의 의미를 이해하기 어려워도

멈추지 말고 계속 읽어주길 바란다.

그리고 그들이 하는 말을 귀 기울여 들어주길 바란다.

그래야만 여러분도 수학 토크에 함께 참여하는 것이 되니까.

등장인물 소개

나 고등학교 2학년. 수학 토크를 이끌어나간다. 수학, 특히 수식을 좋아한다.

유리 중학교 2학년. '나'의 사촌 동생. 밤색의 말총머리가 특징. 논리적 사고를 좋아한다.

테트라 고등학교 1학년. 수학에 대한 궁금증이 남다르다. 단발머리에 큰 눈이 매력 포인트.

미르카 고등학교 2학년. 수학에 자신이 있는 '수다쟁이 재원'. 검정 생머리에 금테 안경이 특징.

미즈타니 선생님 내가 다니는 고등학교에 근무하고 계신 사서 선생님.

차례

제1장 레이지 수전을 탓하지 마

제2장 조합해서 놀자

제3장 벤다이어그램의 패턴

제4장 넌 누구랑 손잡을래?

제5장 지도를 그리다

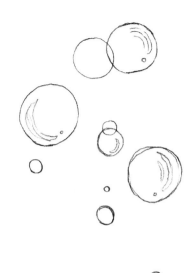

세고 싶어.

—— 뭘 세고 싶은데?

엄청 많은 걸 세고 싶어.

—— 얼마큼 많은 거?

셀 수 없이 많은 거.

—— 셀 수 없는데도 세고 싶어?

셀 수 없으니까 세고 싶지.

세고 싶어.

—— 어떻게?

몇 개씩 묶어서 셀 거야.

—— 어떻게 묶을 건데?

같은 것끼리 찾아서 묶을 거야.

—— 어떻게 찾을 거야?

세다 보면 찾을 수 있어.

우리는 같은 수야

── 둘 다 하나라서?

합치면 둘이 돼. 손을 잡으면 너도 알게 될 거야.

제1장

레이지 수전을
탓하지 마

"한 줄로 세우면 쉽게 셀 수 있다."

테트라 선배님! 여기 계셨네요!

나 아, 테트라.

이곳은 내가 다니는 고등학교 옥상이다. 지금은 점심시간이다.
빵을 먹고 있는데 한 학년 후배인 테트라가 나에게 다가왔다.

테트라 바람이 참 시원하네요. 잠깐 옆에 앉아도 될까요?

나 물론이지. 일부러 날 보러온 거니?

테트라 아, 아니요. 꼭 그런 건 아니고, 우연히 지나가는데 계
시길래요.

테트라는 그렇게 말하고 내 옆에 앉았다.

'옥상을 우연히 지나간다고?'

나는 그런 생각을 하면서 빵을 한입 물었다.

나 점심은 먹었어?

테트라 네, 먹었어요. 저기, 선배님. 저, 요즘 고민이 있는데요.

나 무슨 고민?

테트라 그러니까, '생각한다'는 것이 과연 무엇인지 잘 모르겠어요.

나 상당히 철학적인 고민이네.

테트라 아, 아니에요. 그런 건.

테트라는 부끄러워서 손을 마구 저었다.

테트라 그런 건 아니고요. 수학 문제를 풀 때 그런 생각이 들어요.

나 수학 문제?

테트라 그게, 저 나름대로는 수학 공부를 정말 열심히 한다고 생각하거든요. 근데 문제를 풀다 보면 '이런 걸 어떻게 생각해내라는 거야?' 싶은 게 자주 나와요.

나 그래?

테트라 도대체 이런 답을 어떻게 생각해내야 하는 건지, 답을 얻기 위해 무얼 어떻게 생각해내야 하는 건지 잘 모르겠어요. 선배님은 이런 경험 없으시죠?

나 아니야, 나도 그럴 때가 자주 있어.

테트라 아, 진짜요? 선배님도 그럴 때가 있어요?

나 물론이지. 문제가 안 풀려서 답지를 볼 땐 보통 2가지 생각으로 나뉘어. '하! 진짜 대단하다!' 하고 감동하거나 아니면, '대체 이런 걸 어떻게 생각해내라는 거야!'라고 짜증이 나지.

테트라 선배님도 그러시는구나.

나 짜증이 나는 경우는 문제를 위한 문제일 때, '이런 건 응용 도 못 해.'라는 생각이 들 때지.

테트라 저는 아직 그런 경지까지는 아니지만…. 선배님, 그럼 이 문제 한번 봐주실래요?

나 무슨 문젠데?

1-2 중국요리 식당 문제

테트라 어제 TV에 중국요리 식당이 나왔는데요.

나 응.

테트라 그 식당 원탁 위에 레이지 수전(Lazy Susan)이 있었거든요.

나 레이지 수전이 뭐야?

테트라 중국요리 식당에 가면 보이는, 식탁 위에 있는 그 빙글 빙글 도는 회전대. 그거요.

나 아, 그걸 레이지 수전이라고 하는구나.

테트라 보통 원탁에는 사람들이 쭉 둘러서 앉잖아요.

나 그렇지. 식사하려면 그렇게 앉아야지.

테트라 그런데 원탁이 너무 크면 옆에 앉은 사람과는 얘기할
수 있어도, 멀리 떨어져 앉은 사람과는 얘기할 수 없어요.

나 그렇지.

테트라 서로서로 이야기하려면 가끔 자리를 바꿔 앉아야 하죠.
그러다 문득, 5명이 원탁에 둘러앉을 수 있는 방법은 전부
몇 개인지 궁금해졌어요.

●●● **문제 1 (중화요리 식당 문제)**

의자 5개가 놓인 원탁에 5명이 둘러앉는다고 할 때, 의자에
앉는 경우의 수는 몇 가지인지 구하시오.

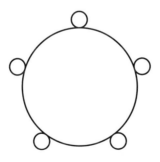

나 아하, 그건 말이야.

테트라 선배님! 잠깐만요!

나 왜?

테트라 제가 생각한 풀이부터 봐주세요.

나 알았어, 알았어. 그럼 테트라부터 얘기해봐.

테트라 저는 5명이 원탁에 앉는 방법을 하나하나 다 세어보려
고 했어요.

나 아, 그랬구나.

테트라는 노트를 꺼냈다.

테트라 이거예요. 근데 하나하나 세다 보니 헷갈리는 거 있
죠….

테트라의 노트

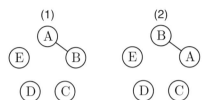

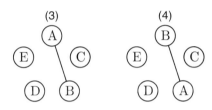

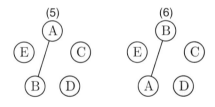

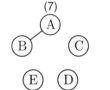

???

나 테트라는 하나하나 다 세려고 했구나. 물론 그 방법도 좋은 방법이긴 해.

테트라 네.

나 근데 하나 궁금한데, 어떤 순서로 셌니?

테트라 그게 말이죠. A, B, C, D, E 5명이 둘러앉을 수 있는 방법을 다 그려보려고 했어요. 제일 먼저 시계 방향으로 A, B, C, D, E가 둘러앉을 수 있는 방법은요. (1)

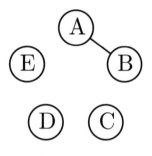

(1) 시계 방향으로 5명이 앉는다.

나 응. 이게 기본이지. 여기 A랑 B 사이에 그은 선은 뭐야?

테트라 아, 그건 A와 B가 서로 자리를 바꿨다는 뜻이에요. 두 사람이 반대로 앉는 경우도 있을 테니까요. 그게 (2)이에요.

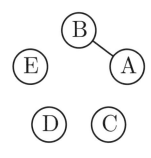

(2) A와 B의 자리를 바꾸다.

나 아, 그래.

테트라 그리고 A와 B 사이에 C가 앉을 수도 있겠다고 생각했
어요. (3)

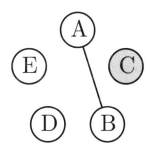

(3) A와 B 사이에 C가 앉는다.

나 응, 그렇긴 하지….

테트라 그리고 아까처럼 또 A와 B의 자리를 바꿔줘요. (4)

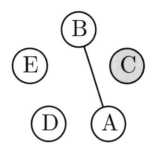

(4) A와 B의 자리를 바꾸다.

나 테트라….

테트라 그다음엔 A와 B 사이에 C와 D가 앉는 경우를 생각해서 (5), 그리고 또다시 A와 B의 자리를 바꾸었어요. (6)

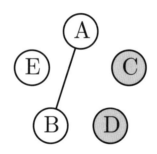

(5) A와 B 사이에 C와 D가 앉는다.

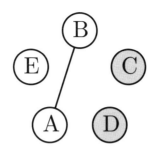

(6) A와 B의 자리를 바꾸다.

나 잠깐만, 테트라….

테트라 하지만 A와 B 사이에 C, D, E가 앉았을 때 알아차렸
죠. (7)

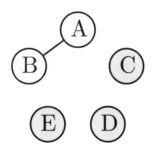

(7) A와 B 사이에 C, D, E가 앉는다.

나 ….

테트라 이 (7) 배열을 오른쪽으로 한 칸만 돌리면 (2) 배열이랑 똑같아진다는 걸요!

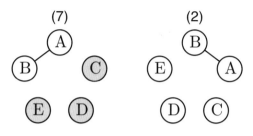

(7) 배열과 (2) 배열은 똑같은 배열이 된다.

나 맞아. 이렇게 세는 건 좀 문제가 있지. 중복해서 셀 수 있으니까.

테트라 그러니까요. A와 B 사이에 앉는 사람을 1명씩 늘리면 되겠다 싶었는데, 원탁이 함정이었어요! **방심하다가는 똑같은 배열이 나오더라구요!**

나 그렇지. A와 B 사이에 앉는 사람을 1명씩 늘리는 건 좋은 생각인데, 중복되면 곤란하지.

테트라 여기서 막혀버렸어요. 이럴 땐 무엇을 생각해내야 문제를 풀 수 있을까요?

테트라는 눈을 크게 뜨고 나를 뚫어지게 쳐다봤다.

나 음, 잘 들어, 테트라. 어떤 수학 문제라도 확실하게 풀어낼 수 있는 만능비법은 없어.

테트라 아, 그건 그럴 거 같아요. 죄송해요. 근데 그렇다면 엄청나게 많은 풀이 과정을 다 암기해야 하는 거 아닌가요? 왜냐면 수학 문제는 정말 다양하잖아요. 그 많은 풀이 과정을 전부 외워야 한다니….

나 참 고민스러운 문제이긴 해. 딱 하나의 비법으로 모든 수학 문제를 풀어낼 순 없으니까. 하지만 그렇다고 풀이 과정을 모조리 다 외울 순 없는 노릇이지.

테트라 그렇다니까요! 만능비법도 없고, 그렇다고 풀이 과정을 몽땅 외울 수도 없고. 그럼 대체 어쩌라는 거죠?

나 테트라가 하고 싶은 말이 뭔지는 알겠는데, 좀 극단적인 것 같아. 문제 풀이를 너무 단순하게 생각하는 것 같은데? 문제 풀이는 그렇게 단순하지도, 그렇다고 복잡하지도 않아.

테트라 그게 무슨 뜻이죠?

나 수학 문제는 단순히 풀이 과정을 외운다고 풀 수 있는 게 아니야. 물론 그렇게 풀 수도 있지만 지금까지 자기가 공부한 모든 걸 총동원해서 풀어야 하지. 문제를 충분히 읽고, 쓰여 있는 문장을 이해하고, 조건을 정리하는 모든 과정을 차근차근 밟아가면서 답을 찾아내는 거야.

테트라 으, 어려워요….

나 물론 풀이 과정을 암기하는 것도 중요해. 하지만 암기한 것을 어떻게 활용할 것인가를 생각하는 것이 훨씬 더 중요하지. 조지 폴리아가 쓴 《어떻게 문제를 풀 것인가》라는 책에도 좋은 문제 풀이들이 많이 나와 있어. 이런 것들을 참고하면서 문제를 풀든 못 풀든 경험을 쌓아나가는 수밖에 없지. 나는 문제를 풀 때 이런 질문들을 나 자신에게 던지곤 해.

- 문제를 자세하게 읽어보자
- '예시는 이해의 시금석', 예를 만들어보자
- 그림을 그려보자
- 표를 만들어 정리해보자
- 이름을 붙여보자
- 할 수 있는 건 다 해보자. 빠진 것은 없는지 확인해보자
- 알고 있는 문제 중에 비슷한 문제는 없는지 생각해보자
- '이러면 좋을 텐데' 하는 부분이 없는지 생각해보자
- 반대로 생각하면 어떻게 될지 생각해보자
- 너무 많으면 줄여서 생각해보자
- 극단적으로 생각해보자
- 문제를 다시 한번 자세히 읽어보자

테트라 좋은 방법이네요…. 선배님이 지금 말씀하신 질문들은 '추상적'이면서도 '구체적'이에요. 문제를 직접 푸는 것보다는 추상적이지만 자신에게 하는 질문들은 구체적이거든요.

테트라는 이해했다는 듯이 고개를 끄덕이며 말했다.

나 이건 확실히 도움이 돼! 특히 문제를 풀 땐 이런 질문이 힘을 발휘하지. '자문자답'은 사고하는 데 큰 도움을 주거든.

1-3 문제로 다시 돌아와서

테트라 그건 그렇고, 이 중국요리 식당 문제는 선배님이라면 어떻게 푸실 거예요? 그러니까 '이게 정답!' 이런 거 말고, 풀이 과정을 어떻게 생각해낼 수 있는지 알려주세요.

●●● **문제 1 (중화요리 식당 문제)**

의자 5개가 놓인 원탁에 5명이 둘러앉는다고 할 때, 의자에

앉는 경우의 수는 몇 가지인지 구하시오.

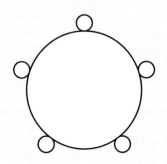

나 알았어. 나라도 처음엔 테트라처럼 '그림'을 그릴 거야. 5명

이 앉아 있는 그림이지. 그리고 똑같이 A, B, C, D, E라고

'이름'을 붙일 것 같아.

테트라 제가 했던 거랑 똑같네요….

나 뭐, 이름을 붙이는 순서는 좀 다를 수도 있겠지. 그렇게 몇

번 그리다가 테트라랑 똑같은 걸 발견하게 될 거 같아.

테트라 저랑 똑같은 거요?

나 그러니까 빙글빙글 돌리다 보면 똑같은 배열이 생긴다는

거. 자리가 실제로 도는 건 아니지만 그린 그림을 조금만 움

직여보면 똑같은 배열이 생겼다는 걸 알 수 있지. 맞아, 빙글빙글 돌리면 세기가 힘들다는 걸 깨닫게 될 거야.

테트라 맞아요. 세기가 힘들어요.

나 이때가 바로 **이러면 좋을 텐데**가 등장하는 타이밍이야.

테트라 '이러면 좋을 텐데'요?

나 말하자면 '빙글빙글 돌지 않으면 좋을 텐데' 하는 생각을 던지는 거지.

테트라 무슨 말인지 알겠어요! 하지만 어떻게 해야 돌지 않을까요?

나 세기 곤란해지는 이유는 '다른 배열'이라 생각하고 세었는데, 돌려보니 '같은 배열'이 되기 때문이야. 중복해서 세게 되니까.

테트라 그렇죠.

나 '빙글빙글 돌지 않으면 좋을 텐데'. 그러면 돌지 않게 만들어버리자. 그러려면 **어느 하나의 위치를 고정해버리면 되겠지!**

테트라 아!

나 어느 하나를 고정해버리면 빙글빙글 돌지 않게 돼. 즉 중복을 더는 신경 쓰지 않아도 되는 거야.

테트라 누군가 1명을 **왕**으로 만들면 되겠네요!

나 하하하, 맞아. 1명을 왕으로 만들어서 고정한 다음 세는 거야. '이러면 좋을 텐데' 하는 생각은 이런 식으로 활용하면 돼.

테트라 알겠어요. '빙글빙글 돌지 않으면 좋을 텐데'라는 생각이 '1명을 왕으로 만들어서 고정해버리자'로 발전한 거네요….

나 테트라가 그린 그림에서는 맨 위가 A가 되었다가 B가 되었다가 하는 식으로 계속 바뀌잖아.

테트라 네. A랑 B의 자리를 바꾸다 보니까 그렇게 됐어요….

나 그러지 말고 A를 고정해버리면 훨씬 세기가 쉬워져.

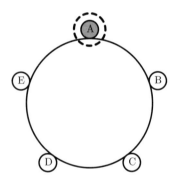

A를 고정해서 생각하기

테트라 그렇군요.

나 그리고 또 하나 '알고 있는 문제 중에 비슷한 문제는 없는지 생각해보자'도 활용할 수 있어.

테트라 비슷한 문제요?

나 우린 지금까지 사람들이 원탁에 둘러앉을 수 있는 방법을 생각해봤어. 원형으로 사람을 배열하는 경우의 수를 생각한 거야.

테트라 경우의 수. 그렇죠.

나 원형으로 배열하는 문제는 처음 보지만, 이미 우리는 비슷한 문제를 알고 있어. 한 줄로 배열하는 문제!

테트라 ….

나 잘 생각해보면 1명을 고정해서 시계 방향으로 센다는 건 한 줄로 배열하는 거랑 똑같거든.

테트라 아, 그러면 설마, 순열인가요?

나 그렇지. 원형으로 사람을 배열하는 건 한 줄로 배열하는 순열로 생각할 수 있어. 순열은 알고 있지?

테트라 잠깐만요. 그러면 '원형으로 배열하기'랑 '한 줄로 배열하기'가 똑같다는 얘기가 되잖아요.

나 그건 아니야. 왜냐면 1명을 고정했기 때문에 실제로 순서를 바꿀 수 있는 사람 수는 1명 줄거든.

테트라 !

나 그러니까 원형으로 사람을 5명 배열한다는 건 'A를 고정해놓고 나머지 4명을 한 줄로 배열하는 거랑 같다'고 할 수 있지.

A를 고정하고, 나머지 4명을 한 줄로 배열한다.

테트라 어머, 그러네요!

나 이제 A를 고정해놓고 나머지 4명을 어떻게 앉힐 것인지를 생각해보자. A 옆, 첫 번째 자리에 앉을 수 있는 건 나머지 4명 중 하나야. 두 번째 자리에 앉을 수 있는 건 A 옆에 앉은 1명을 뺀 3명 중 하나고. 세 번째 자리에 앉을 수 있는 건 이미 앉은 사람을 뺀 2명 중 하나겠지. 그리고 맨 마지막 자리에 앉을 수 있는 건 끝에 남은 하나고.

테트라 맞아요, 맞아요! 정말 그러네요!

봐, 다 풀었어. 5명을 원형으로 배열하는 경우의 수는 1명을 고정해놓고 남은 4명을 한 줄로 배열하는 경우의 수, 그러니까 순열과 같아. 그래서 4! = 4 × 3 × 2 × 1로 계산하면 정답은 24가지야.

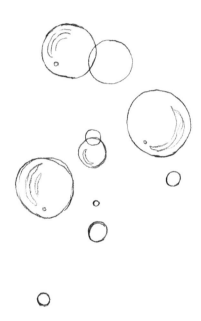

의자 5개가 놓인 원탁에 5명이 둘러앉는다고 할 때, 의자에 앉는 경우의 수는

$$4! = 4 \times 3 \times 2 \times 1 = 24$$

로 계산할 수 있다. 정답은 24가지이다.

(1명을 고정하고 나머지 4명을 한 줄로 배열하는 순열로 생각한다)

Ⓐ Ⓑ→Ⓒ→Ⓓ→Ⓔ	Ⓐ Ⓒ→Ⓑ→Ⓓ→Ⓔ
Ⓐ Ⓑ→Ⓒ→Ⓔ→Ⓓ	Ⓐ Ⓒ→Ⓑ→Ⓔ→Ⓓ
Ⓐ Ⓑ→Ⓓ→Ⓒ→Ⓔ	Ⓐ Ⓒ→Ⓓ→Ⓑ→Ⓔ
Ⓐ Ⓑ→Ⓓ→Ⓔ→Ⓒ	Ⓐ Ⓒ→Ⓓ→Ⓔ→Ⓑ
Ⓐ Ⓑ→Ⓔ→Ⓒ→Ⓓ	Ⓐ Ⓒ→Ⓔ→Ⓑ→Ⓓ
Ⓐ Ⓑ→Ⓔ→Ⓓ→Ⓒ	Ⓐ Ⓒ→Ⓔ→Ⓓ→Ⓑ
Ⓐ Ⓓ→Ⓑ→Ⓒ→Ⓔ	Ⓐ Ⓔ→Ⓑ→Ⓒ→Ⓓ
Ⓐ Ⓓ→Ⓑ→Ⓔ→Ⓒ	Ⓐ Ⓔ→Ⓑ→Ⓓ→Ⓒ
Ⓐ Ⓓ→Ⓒ→Ⓑ→Ⓔ	Ⓐ Ⓔ→Ⓒ→Ⓑ→Ⓓ
Ⓐ Ⓓ→Ⓒ→Ⓔ→Ⓑ	Ⓐ Ⓔ→Ⓒ→Ⓓ→Ⓑ
Ⓐ Ⓓ→Ⓔ→Ⓑ→Ⓒ	Ⓐ Ⓔ→Ⓓ→Ⓑ→Ⓒ
Ⓐ Ⓓ→Ⓔ→Ⓒ→Ⓑ	Ⓐ Ⓔ→Ⓓ→Ⓒ→Ⓑ

테트라 그런데… 선배님. 이 24개의 배열은 뭐예요?

나 아, 미안. **수형도**를 그리고 있었어.

테트라 네?

나 이런 그림. 수형도 4종류를 모두 그린 거지.

수형도

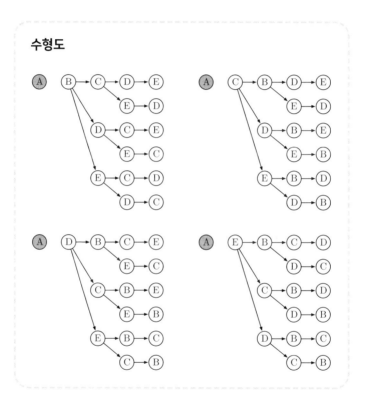

테트라 하하….

나 **빠짐없이 겹치지 않게** 생각하고 싶을 땐 수형도가 도움이 돼.

테트라 그러네요.

1-5 일반화

나 테트라. 여기까지 생각했으면 '일반화'하는 것은 식은 죽 먹기야.

테트라 일반화요?

나 n명을 원형으로 배열하는 경우의 수를 구하는 거지.

테트라 n명 중 '1명을 고정해놓고' 나머지 $n-1$명을 한 줄로 배열하면 되니까요!

나 그렇지.

테트라 그러니까 $(n-1) \times (n-2) \times \cdots \times 2 \times 1$이겠네요!

나 응, 맞았어. $(n-1)!$. 이게 **원순열**의 개수야.

원순열의 개수

n명이 원탁에 둘러앉을 때의 경우의 수는

$$(n-1)!$$

이다.

테트라 원순열이군요. 부르는 이름이 따로 있었네요.

나 응. 아까 얘기하려고 했는데 테트라가 먼저 말하지 말라고 해서 얘기 못 했어.

테트라 아, 죄송해요.

나 그럼 원순열에 대해서 좀 더 알아볼까?

테트라 선배님, 잠깐만요. 진도 나가기 전에….

나 왜?

테트라 선배님이 방금 설명해준 원순열 구하는 방법을 잠깐 정리하고 싶어요.

나 아, 알았어.

테트라 한꺼번에 많은 걸 배우면 헷갈려서요….

- n명을 원형으로 배열하는 경우의 수를 구해보자(원순열의 개수).
- 빠짐없이 겹치지 않게 셀 필요가 있다.
- 원형이므로 빙글빙글 돌리면 중복이 생긴다.
- 움직이지 않게 1명을 왕으로 고정한다.
- 그러면 나머지 $n-1$명을 한 줄로 배열하는 경우의 수가 된다(순열의 개수).

나 정리를 참 잘했네. 이건 원순열을 순열로 '변환'해서 구한 거나 마찬가지야.

테트라 '변환'이요?

나 응. '원순열을 구하는 방법'은 몰랐지만, 1명을 고정했더니 내가 알고 있던 '순열을 구하는 방법'으로 구할 수 있게 되었다는 거지.

테트라 그러네요.

나 그러니까 내가 몰랐던 원순열이라는 문제를 내가 아는 순열의 문제로 변형시켜서 푼 게 되는 거야. 이런 풀이 과정을 '원순열을 순열로 변환해서 구했다'라고 말할 수 있어.

테트라 무슨 뜻인지 알겠어요.

나 이런 식으로 모르는 문제를 풀어내려면 내가 알고 있는 문제를 완벽하게 파악하고 있어야 가능해.

테트라 내가 가진 무기가 뭔지를 잘 알고 있어야 한다는 거죠?

나 맞아, 바로 그거야. 내가 어떤 무기를 가졌는지 잘 알고 있어야겠지. 그걸 잘 알고 있으면 내가 모르는 문제를 만나도 어디에 적용해야 문제를 풀 수 있을지 알 수 있거든.

테트라 네!

나 그러니까 테트라는 이걸로 무기를 하나 더 갖게 된 거야.

테트라 네?

나 원순열 얘기야. 테트라는 지금 원순열을 순열로 변환해서 이해했어. 그건 원순열을 자신의 무기로 만들었단 얘기지. 앞으로 모르는 문제가 나와도 원순열로 변환하는 방법을 사용할 수 있게 된 거야.

테트라 그건 그렇죠….

나 이 문제도 한번 풀어볼까?

1-6 구슬 목걸이 문제

●●● **문제 2 (구슬 목걸이 문제)**

5개의 서로 다른 보석을 꿰어서 목걸이를 만든다고 할 때 몇 종류의 목걸이를 만들 수 있는지 구하시오.

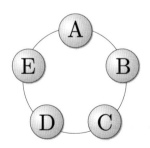

테트라 구슬 목걸이라. 이것도 원형으로 배열해서 생각하면 되는 거죠? 그럼 원순열을 이용해서 (5 − 1)! 아닐까요? 그러니까, 4! = 4 × 3 × 2 × 1 = 24종류?

나 아쉽지만, 틀렸어.

테트라 왜요?

나 원탁과 구슬 목걸이에는 큰 차이가 있거든.

테트라 ….

나 원탁은 뒤집을 수 없지만, 목걸이는 뒤집을 수가 있어. 그래서 원탁에서는 다른 배열이 목걸이에서는 같은 배열이 되어버리는 거야.

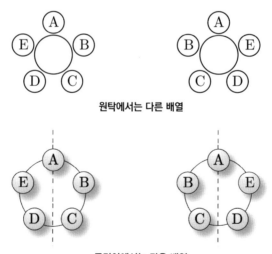

원탁에서는 다른 배열

목걸이에서는 같은 배열

테트라 그렇구나. 구슬 목걸이를 원탁처럼 세면 안 되는군요. 겹치니까요! 너무 많이요!

나 겹치는 배열까지 세어보면 딱 2배가 돼. 구슬 목걸이를 원순열의 방법으로 계산해버리면 '뒤집었을 때 같아지는 배열'까지 세게 되거든. 그래서 2로 나누어야 하지.

테트라 네! 그럼 구슬 목걸이는 $(5 - 1)! \div 2 = 12$종류가 되겠네요.

5개의 서로 다른 보석 구슬을 꿰어서 목걸이를 만들 때 12 종류의 구슬 목걸이를 만들 수 있다.

(원순열로 생각하면 24종류지만, 뒤집었을 때 같아지는 배열이 있으므로 24를 2로 나눈다)

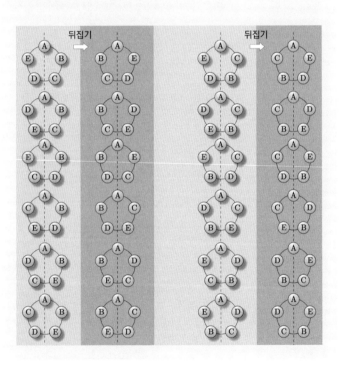

ㄴ 맞아, 정답이야! 이것도 이미 알고 있는 문제를 '변환'했다

고 말할 수 있어. 어때?

테트라 아, 네. 뭔지 알겠어요. 구슬 목걸이 문제를 일단 원순열
로 시도해보고 반으로 나누었으니까요.

나 그렇지. 원순열이라는 무기를 바로 써먹은 거야.

테트라 처음엔 실수했지만요.

나 이 구슬 목걸이 문제를 일반화한 것을 **염주순열**이라고 해.
순열, 원순열, 염주순열은 서로 깊이 연관되어 있지.

테트라 이것도 이름이 있었네요.

염주순열의 개수

서로 다른 n개의 구슬을 염주나 목걸이로 배열하는 경우
의 수는

$$\frac{(n-1)!}{2}$$

이다(뒤집은 것을 동일한 배열로 본다).

1-7 미르카

미르카 바람 한번 시원하네.

테트라 아, 미르카 선배님!

미르카와 나는 같은 반이다.

미르카는 나 그리고 테트라와 함께 수학 토크를 즐기는 친한 친구 사이다. 검정 생머리에 금테 안경을 끼고 있다.

나 미르카, 옥상까지 웬일이야?

미르카 그냥 지나가다가 들렀어.

나 (옥상이 그냥 지나가다가 들를 곳인가?)

미르카 왜?

나 아, 아니야. 그냥. 지금 순열, 원순열, 염주순열에 대해 얘기하고 있었어.

미르카 ….

미르카는 우리가 펼쳐놓은 노트를 들여다봤다.

테트라 원순열은 순열로 변환해 구하고, 염주순열은 원순열로 변환해서 구하고 있있어요.

미르카 서로 다른 n개의 구슬을 염주나 목걸이로…. 이거 누가 쓴 거야?

서로 다른 n개의 구슬을 염주나 목걸이로 배열하는 경우의 수는

$$\frac{(n-1)!}{2}$$

이다(뒤집은 것을 동일한 배열로 본다).

나 난데?

미르카 n의 범위가 안 쓰여 있어서 테트라가 썼나 했어.

나 n의 범위라니? 구슬이니까 당연히 자연수지.

미르카 그럼 '1개의 구슬'을 염주로 배열하는 방법은 $\frac{1}{2}$가지야?

미르카가 표정 하나 변하지 않고 장난스럽게 말했다.

나 어…. 앗!

테트라 왜요?

나 아, 그게 말이야. $\frac{(n-1)!}{2}$에서 $n = 1$이면

$$\frac{(n-1)!}{2} = \frac{0!}{2} = \frac{1}{2}$$

이 되거든. 경우의 수가 $\frac{1}{2}$ 가지일 수는 없지. 그래서 아까 염주순열의 개수 n에는 $n \geq 2$라는 조건을 붙여야 했어!

미르카 음…. 그럼 '2개의 구슬'을 염주로 배열하는 방법도 $\frac{1}{2}$ 가지고?

나 어? 그러네! 뭐지?

테트라 진짜 그러네요. 그러니까 $n = 2$이면

$$\frac{(2-1)!}{2} = \frac{1!}{2} = \frac{1}{2}$$

이죠. 이것도 $\frac{1}{2}$ 가지가 되네요.

나 $n \geq 2$도 안 되는구나. 이상하다. 뭐지?

미르카 네가 당황하는 거 오랜만에 본다. 이건 풀어볼 만한 가치가 있는 문제네.

●●● **문제 3 (염주순열의 조건)**

서로 다른 n개의 구슬을 염주로 배열하는 경우의 수를 $\frac{(n-1)!}{2}$이라는 식으로 나타낸다고 할 때, $n = 1$과 $n = 2$에서는 답을 구할 수가 없다. 그 이유를 말하시오.

이때 수업 시작을 알리는 종소리가 울렸다. 점심시간이 끝났다.

방과 후.

나, 테트라, 미르카 세 사람은 도서실에 모였다.

나 아까는 좀 당황해서 그랬는데 찬찬히 생각해보니까 당연한 거였어.

테트라 저도 이해했어요.

미르카 음, 그럼 먼저 테트라부터.

미르카는 선생님처럼 테트라를 손가락으로 가리켰다.

테트라 네. 뒤집어도 원래 똑같은 거니까요.

미르카 답을 말하기 전에 문제부터 읽어야지.

테트라 아, 네. 문제는 '왜 $n = 1$과 $n = 2$에서는 식 $\frac{(n-1)!}{2}$로 염주순열의 경우의 수를 구할 수 없는가'입니다.

미르카 응.

테트라 '그림을 그려보자'에 따라 저는 $n = 1$일 때와 $n = 2$일 때의 그림을 그려봤어요.

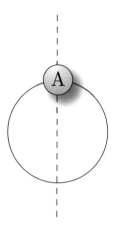

$n = 1$일 때의 염주순열

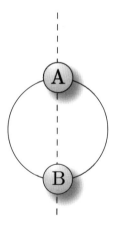

$n = 2$일 때의 염주순열

테트라 생각해보면 염주순열을 원순열로 변환할 수 있었던 이유는 원순열로 세면 경우의 수가 2배가 된다는 법칙이 있었기 때문이죠. 원순열에서는 '다른' 배열이었던 것이 염주순열에서는 뒤집히면서 '같은' 배열이 되니까 겹치는 부분만큼 나누어야 할 필요가 있었어요.

나 그렇지.

테트라 하지만 $n = 1$일 때와 $n = 2$일 때 그림을 보면 둘 다 가능한 배열은 하나밖에 없어. '다른' 배열 같은 건 처음부터 없었던 거죠!

나 그래서 식 $\frac{(n-1)!}{2}$로 염주순열의 경우의 수를 구할 수 없는 거지.

미르카 맞아.

••• 해답 3 (염주순열의 조건)

서로 다른 n개의 구슬을 염주로 배열하는 경우의 수를 $\frac{(n-1)!}{2}$이라는 식으로 나타낸다고 할 때 $n = 1$과 $n = 2$에서는 정답을 구할 수 없다. 왜냐하면 $n = 1$과 $n = 2$에서의 배열 방법은 하나밖에 없으므로 '원순열에서는 서로 다르나 염주순열에서는 뒤집어지면 같아지는 배열'이 애초에 존재하지 않기 때문이다.

테트라 조건을 빠뜨리지 않고 파악해내는 건 쉽지 않네요….

나 나도 깜빡했어….

> **염주순열의 개수 (조건을 추가)**
>
> 서로 다른 n개의 구슬을 염주나 목걸이로 배열하는 경우
> 의 수는
>
> - $n = 1, 2$의 경우 1가지이며
> - $n = 3, 4, 5, \cdots$의 경우는 $\frac{(n-1)!}{2}$가지 있다.

테트라 이런 조건들을 하나하나 암기하기는 어렵겠는데요?

미르카 암기랑은 좀 달라. '뒤집었을 때 같아지는 배열이 있으
므로 2로 나눈다'라는 구조를 이해하는 게 중요하지. **구조를
파악**하는 거야.

테트라 네, 구조….

1-9 다른 풀이

미르카 그런데 왜 뜬금없이 원순열이니 염주순열이니 하고 있

는 거야?

나 테트라가 중국요리 식당 자리 배치 법이 궁금하다고 해서.

미르카 난 테트라한테 물었는데.

나 …. (미르카가 오늘은 기분이 좀 안 좋은가 보네.)

테트라 아, 네. 레이지 수전에 둘러앉을 수 있는 방법이 몇 가지일까 궁금했거든요. 그래서 선배님한테 물어봤더니 이것저것 가르쳐주셨어요.

나 테트라 혼자서 풀어보려고도 했잖아.

미르카 어떤 식으로?

테트라 '돌리면 똑같아지는 경우'가 생기면서 세기가 힘들었거든요….

나 그래서 1명을 고정해서….

미르카 넌 좀 가만히 있을래?

나 ….

테트라 맞아요. 빙글빙글 돌면 세기 힘드니까 1명을 고정해서 $n-1$명의 순열로 변환했어요. 그러면 안 돌아가니까요.

미르카 돌아도 셀 수는 있어.

테트라 ?

미르카 점심시간에 염주순열에서 생각했던 방식으로.

나 아, 그 방식도 있었구나!

테트라 ?

미르카 염주순열에서는 원순열의 값을 2로 나누었지.

테트라 네. '뒤집으면 똑같아지는 경우'가 딱 2배이기 때문이었죠.

미르카 넌 좀 전에 지금 했던 말이랑 비슷한 말을 했어.

테트라 네?

미르카 이렇게 말이지.

- 원순열에서 … 돌리면 똑같아지는 경우가 있다.
- 염주순열에서 … 뒤집으면 똑같아지는 경우가 있다.

테트라 네. 듣고 보니 말이 비슷하네요.

미르카 염주순열일 때 뒤집으면 똑같아지는 경우가 딱 2배니까 원순열의 값을 2로 나누었지.

테트라 네.

미르카 그렇다면 원순열일 때 돌리면 똑같아지는 경우가 정확히 몇 배 되는지 생각해보면 돌아도 셀 수 있지 않을까?

테트라 아!

나 맞아. 그렇지.

테트라 빙글빙글 돌리면 똑같아진다…. 하하하!

나 왜 그래, 테트라?

테트라 아, 죄송해요. 돌리면 똑같아지는 배열은 5명일 때 5가지죠. 그러니까 실제보다 5배 더 많이 세겠네요!

미르카 근데 왜 웃은 거야?

테트라 아, 놀라셨나요. 5명을 레이지 수전 위에 올려놓고 빙글빙글 돌리는 모습을 상상하니까 웃겨서요….

상상하니 좀 웃기긴 했다.

미르카 n명의 원순열 값을 구하기 위해 2가지 방법을 생각해냈어. 물론 결과는 같아.

$(n-1)!$	1명을 고정하고 나머지 $n-1$명의 순열을 생각하는 방법
$\dfrac{n!}{n}$	n명의 순열 개수 $n!$을 중복된 n으로 나누는 방법

$$
\begin{aligned}
(n-1)! &= (n-1) \times (n-2) \times \cdots \times 1 \\
&= \frac{n \times (n-1) \times (n-2) \times \cdots \times 1}{n} \\
&= \frac{n!}{n}
\end{aligned}
$$

테트라 뭔지 알겠어요.

미르카 'n으로 나누는 방법'을 사용할 수 있는 이유는 실제로 돌렸을 때 딱 n배 중복되게 세었기 때문이지.

나 우선 모두 센 다음 **중복된 만큼** 나누면 되는 거지.

미르카 정확해.

원순열 풀이 방법 1 (1명을 고정하는 방법)

의자 5개가 놓인 원탁에 5명이 앉는다. 이때 앉는 방법은

$$4! = 4 \times 3 \times 2 \times 1 = 24$$

의 24가지다.

(1명을 고정하고 나머지 4명을 한 줄로 배열하는 순열로 생각한다.)

원순열 풀이 방법 2 (중복된 만큼 나누는 방법)

의자 5개가 놓인 원탁에 5명이 앉는다. 이때 앉는 방법은

$$\frac{5!}{5} = \frac{5 \times 4 \times 3 \times 2 \times 1}{5} = 24$$

의 24가지다.

(5명을 한 줄로 배열하는 순열로 생각하고 중복된 만큼 5로 나눈다.)

미르카 말할 것도 없지만 둘 다 정답이야.

테트라 아! 이것도 무기네요!

미르카 무기?

테트라 네. '1명을 고정하고 순열로 변환하기'나 '순열로 생각하고 중복된 만큼 나누기' 모두 경우의 수를 구할 때 무기로 사용할 수 있잖아요!

미르카 그런 뜻이었구나.

테트라 알면 당연한 건데, 참 재미있네요!

나 **중복된 만큼 나누기**라는 무기는 '염주순열을 원순열로 변환할 때'와 '원순열을 순열로 변환할 때' 모두 다 등장하지.

테트라 그러네요….

미르카 셀 때는 겹치지 않도록 조심해야 해. 겹침은 중복이고, 중복은 다른 말로 바꿔서 말하면 동일시야.

테트라 동일시….

나 맞는 말이네. '돌려서 같아지는 것'이나 '뒤집어서 같아지는 것'을 찾는 거니까. 2개가 중복됐다고 생각하는 것은 2개를 동일시한다는 거지.

미르카 중복은 곧 동일시. 그리고 동일시는 나누기로 이어진다.

나 중복된 만큼 나누는 것처럼 말이지?

미르카 맞아. 벡터에서도 그랬지.[*] 평행이동해서 겹치는 화살

들을 동일시했어. 모든 화살의 집합을 생각하고, 평행이동으로 겹친다는 동치관계로 나누기. 그게 바로 벡터야.

미즈타니 선생님 하교할 시간이에요.

미즈타니 선생님의 말에 오늘의 수학 이야기는 이렇게 마무리되었다.

알고 보면 당연한 것들의 이면에 재미있는 수학이 숨어 있다.

"꼭 한 줄로 세워야만 셀 수 있는 걸까?"

※ 《수학 소녀의 비밀노트 – 벡터 편》 참조

제1장의 문제

◦◦◦ 문제 1-1 (원순열)

의자 6개가 놓인 원탁에 6명이 앉는다고 할 때 6명이 의자에 앉는 경우의 수는 몇 가지인지 구하시오.

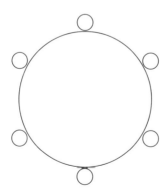

(해답은 p.308)

의자 6개가 놓인 원탁에 6명이 앉는다. 단, 의자 중 하나는 VIP가 앉는 특별석이라고 할 때, 6명이 의자에 앉는 경우의 수는 몇 가지인지 구하시오.

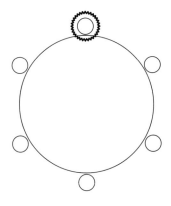

(해답은 p.310)

6개의 서로 다른 보석을 꿰어서 구슬 목걸이를 만든다고 할 때 구슬 목걸이를 만드는 경우의 수는 몇 가지인지 구하시오.

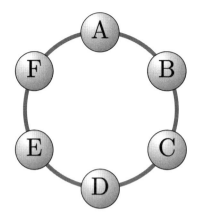

(해답은 p.312)

제2장

조합해서 놀자

"구체적으로 생각하지 않으면 거짓이 섞여버린다."

오늘은 토요일. 이곳은 우리 집 부엌이다.

사촌 동생인 유리가 식탁에 공책을 펼쳐놓고 숙제를 하고 있다.

유리 아, 다 했다! 숙제 끝!

나 유리, 우리 집에 와서 숙제하는 이유가 뭐야?

유리 그냥….

유리는 밤색 말총머리를 흔들며 입을 삐죽 내밀었다.

이웃에 사는 유리는 우리 집에 자주 놀러온다.

나 수학 숙제 다 했어?

유리 응, **조합의 수**인데. 이런 거야.

●●● **문제 1 (조합의 수)**

학생 5명 중에서 2명을 선택하는 조합은 몇 가지인지 구하

시오.

나 그렇군, 유리는 쉽게 풀 수 있지?

유리 당연하지. 이렇게 풀면 되잖아.

● ● ● **해답 1 (조합의 수)**

$$_5C_2 = \frac{5 \times 4}{2 \times 1} = 10$$

그러므로 학생 5명 중에서 2명을 선택하는 조합은 10가지
이다.

나 그렇지.

유리 완전 식은 죽 먹기지.

나 10가지 정도면 학생을 A, B, C, D, E로 놓고 다 그려보는
것도 가능하겠다.

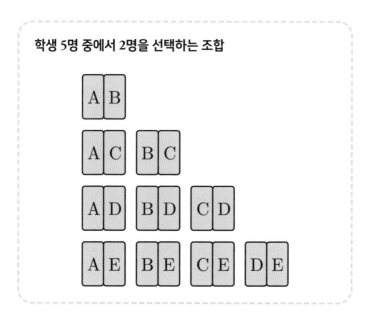

학생 5명 중에서 2명을 선택하는 조합

유리 하나 마나지. 똑같이 10가지야.

나 그렇지. 정확한 풀이야. 그건 그렇고 유리는 이 계산에서 '5 명 중에서 2명을 선택하는 조합의 수'가 어떻게 나온 건지 알고 있니?

$$\frac{5 \times 4}{2 \times 1}$$

유리 5명 중에서 2명을 선택하지만 선택하는 순서는 무시할 수 있으니까 딱 절반이지.

나 응, 맞아. 잘 알고 있네.

유리 당연하지.

나 정리하면 이거야.

● 5명 중에서 첫 번째 사람을 선택하는 경우의 수는 5가지가 있다.

● 그 각각에 대해 두 번째 사람을 선택하는 경우의 수는 4가지가 있다.

유리 아하.

나 여기까지

$$5 \times 4 = 20가지$$

의 경우의 수가 있는데, 이 경우 선택하는 순서를 '구별'하니까 **순열**이라 할 수 있지.

유리 '구별'하는 게 순열.

나 하지만 반대로 조합은 선택하는 순서를 '구별하지 않아'.

유리 '구별하지 않는' 게 조합.

나 그러므로 순열로 세는 경우의 수는 20가지가 되고, 조합으로 세는 경우의 수는 학생 A, B를 선택하는 순서를 '구별하지 않기' 때문에….

유리 그래서 2로 나누어서 10가지! 아까 내가 말했잖아.

나 그렇지. 유리의 답이 맞아. 순서는 생각하지 않기로 했으니까 나눗셈을 해. 즉 중복된 만큼 나눈 거지. 이렇게 표를 그리면 **순열과 조합의 관계가** 더 잘 보일 거야.

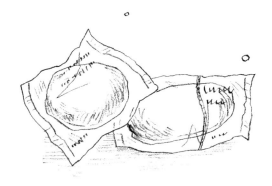

학생 5명 중에서 2명을 선택하기《순열》

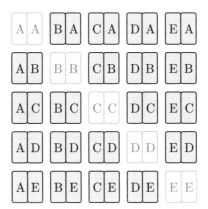

학생 5명 중에서 2명을 선택하기《조합》

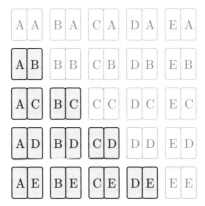

유리 딱 절반이네.

나 맞아. 2명을 선택하는 조합은 순열을 2로 나눈 것과 같아. 그럼 5명 중에서 3명을 선택할 땐 어떻게 될까?

●●● **문제 2 (조합의 수)**

학생 5명 중에서 3명을 선택하는 조합은 모두 몇 가지인지 구하시오.

유리 똑같은 방법으로 계산하면 되지!

●●● **해답 2 (조합의 수)**

$$_5C_3 = \frac{5 \times 4 \times 3}{3 \times 2 \times 1} = 10$$

그러므로 학생 5명 중에서 3명을 선택하는 조합은 10가지다.

나 그렇지. $\frac{5 \times 4 \times 3}{3 \times 2 \times 1}$의 분자 $5 \times 4 \times 3$은 '5명 중에서 3명을 세우는 순열의 수'이고, 분모 $3 \times 2 \times 1$은 '순열로 뽑은 3명을

다시 세우는 경우의 수'나 '3명 중에서 3명을 선택하는 순열의 수'라고도 할 수 있어.

$$《5명 중에서 3명을 선택하는 조합의 수》$$

$$= \frac{《5명 중에서 3명을 세우는 순열의 수》}{《3명 중에서 3명을 세우는 순열의 수》}$$

$$= \frac{5 \times 4 \times 3}{3 \times 2 \times 1}$$

유리 너무 헷갈려!

나 그런가?

유리 응. 순서를 생각해서, 어쩌고저쩌고.

나 뭐, 그럴 수 있지만 이건 중요한 포인트라서 한 번 더 이야기하면

- 순서를 생각하며 한 줄로 배열하는 것이 《순열》
- 순서를 무시하고 묶어서 배열하는 것이 《조합》

이야.

유리 와아, 숙제 끝! 이제 우리 뭐 하고 놀까?

나 잠깐. 유리는 이 '5명 중에서 3명을 선택하는 조합의 수'를 일반화할 수 있어?

유리 일반화?

2-2 일반화

나 응. **변수 도입에 따른 일반화**말이야. 5명 중에서 3명을 선택하는 게 아니고 n명 중에서 r명을 선택하는 조합의 수, 그러니까

$$\binom{n}{r}$$

을 구할 수 있니?

유리 근데 오빠 조합의 수를 $_nC_r$이라고 안 쓰고 $\binom{n}{r}$로 쓰더라?

나 그래. $_nC_r$과 $\binom{n}{r}$은 같은 식이야. 학교에선 $_nC_r$을 쓰지만 수학 교재에서는 흔히 $\binom{n}{r}$을 써.

유리 그렇구나. 난 본 적이 없어서.

나 $_nC_r$보다는 $\binom{n}{r}$이 중요한 n이나 r을 크고 정확하게 쓸 수 있어서 식도 알아보기 좋지. 예를 들면

$$_{n+r-1}\mathrm{C}_{n-1}$$

보다는

$$\binom{n+r-1}{n-1}$$

쪽이 더 보기 편하지 않아?

유리 수학 덕후는 생각하는 게 역시 다르다.

나 덕후는 뭐가 덕후야. 그건 그렇고 $\binom{n}{r}$을 어떻게 구할 수 있을까?

유리 구하다니?

나 $\binom{n}{r}$을 n과 r로 일반화해 나타낼 수 있어?

문제 3 (일반화한 조합의 수)

n명 중에서 r명을 선택하는 조합의 수 $\binom{n}{r}$은 모두 몇 가지인가. $\binom{n}{r}$을 n과 r로 나타내시오.

단, n과 r은 모두 0 이상의 정수 (0, 1, 2, …)이며, $n \geq r$이다.

유리 응. 이거 알아. 이거지?

n명 중에서 r명을 선택하는 조합의 수 $\binom{n}{r}$을 n과 r로 나타내면

$$\binom{n}{r} = \frac{n!}{r!\,(n-r)!}$$

이 된다.

단, n과 r은 모두 0 이상의 정수 $(0, 1, 2, \cdots)$이며, $n \geqq r$이다.

나 그렇지. $n!$은 **계승**이었지.

계승(팩토리얼) $n!$

$$n! = n \times (n-1) \times (n-2) \times \cdots \times 2 \times 1$$

단, n은 0 이상의 정수$(0, 1, 2, 3, \cdots)$이다. 또한 $0!$은 1과 같다고 정의한다.

유리 알아!

나 유리가 푼 대로 n명 중에서 r명을 선택하는 조합의 수는

$$\binom{n}{r} = \frac{n!}{r!\,(n-r)!}$$

로 계산할 수 있어. 그런데 아까 유리가 풀어낸 '5명 중에서 3명을 선택하는 조합의 수'와 비교해보면 조금 신경이 쓰이는 부분이 있어. 한번 보자.

5명 중에서 3명을 선택하는 조합의 수

$$\binom{5}{3} = \frac{5 \times 4 \times 3}{3 \times 2 \times 1}$$

n명에서 r명을 선택하는 조합의 수

$$\binom{n}{r} = \frac{n!}{r!\,(n-r)!}$$

유리 어디가 신경이 쓰이는데?

나 두 식을 보면 식의 모양이 많이 다르지? 만약 $\frac{n!}{r!\,(n-r)!}$ 에 그대로 $n = 5$와 $r = 3$을 대입하면 이렇게 될 거야.

$$\binom{n}{r} = \frac{n!}{r!\,(n-r)!}$$

$$\binom{5}{3} = \frac{5!}{3!\,(5-3)!} \qquad n = 5와\ r = 3을\ 대입한다.$$

유리 그러네, 달라 보여.

나 달라 보여도 이 두 식은 같은 값이 나와야겠지?

$$\frac{5!}{3!\,(5-3)!} \overset{?}{=} \frac{5 \times 4 \times 3}{3 \times 2 \times 1}$$

유리 계산하면 알 수 있을 거야!

$$\frac{5!}{3!\,(5-3)!} = \frac{5!}{3!\,2!}$$

$$= \frac{5 \times 4 \times 3 \times 2 \times 1}{3 \times 2 \times 1 \times 2 \times 1}$$

$$= \frac{5 \times 4 \times 3}{3 \times 2 \times 1} \qquad 분자와\ 분모를\ 2 \times 1로\ 약분한다.$$

그러므로 $\dfrac{5!}{3!\,(5-3)!}$ 과 $\dfrac{5 \times 4 \times 3}{3 \times 2 \times 1}$ 은 같다.

나 그렇지. 맞았어. 그런데 지금 유리는 분수를 약분해서 계산했잖아. 그러지 말고 5와 3 대신 문자 n과 r을 넣어보자.

조금 어려워 보여도 5와 3을 대입해 계산한 거랑 크게 다르
지 않아.

$$\frac{n!}{r!\,(n-r)!}$$

$$= \frac{n \times (n-1) \times \cdots \times (n-r+1) \times \overbrace{(n-r) \times (n-r-1) \times \cdots \times 2 \times 1}^{(n-r)! \text{과 같음}}}{r!\,(n-r)!}$$

$$= \frac{n \times (n-1) \times \cdots \times (n-r+1) \times (n-r)!}{r!\,(n-r)!}$$

$$= \frac{n \times (n-1) \times \cdots \times (n-r+1)}{r!} \qquad \text{분모와 분자를 } (n-r)! \text{로}$$
약분한다.

$$= \frac{n \times (n-1) \times \cdots \times (n-r+1)}{r \times (r-1) \times \cdots \times 2 \times 1} \qquad \text{분모의 } r! \text{을 곱셈기호를}$$
사용하여 나타낸다.

유리 귀찮네⋯. 근데 n의 계승의 의미를 이용해서 분수를 $(n-r)!$로 약분할 수 있구나.

나 그렇지. 분자의 $n!$ 중 $(n-r) \times (n-r-1) \times \cdots \times 1$이라는 '꼬리'가 약분으로 사라지지. 그래서 분자는 $n \times (n-1) \times \cdots \times (n-r+1)$이라는 '꼬리가 끊긴 계승'이 되는 거야.

유리 오빠는 수식 가지고 놀기를 진짜 좋아하는 거 같이. 근데 이 식이 왜?

나 이걸로 'n명 중에서 r명을 선택하는 조합의 수'를 두 형태

로 모두 나타냈어. 물론 둘 다 맞아.

---

n명 중에서 r명을 선택하는 조합의 수

n명 중에서 r명을 선택하는 조합의 수 $\binom{n}{r}$은 두 형태로 나타낼 수 있다.

$$\binom{n}{r} = \frac{n!}{r!\,(n-r)!}$$

$$\binom{n}{r} = \frac{n \times (n-1) \times \cdots \times (n-r+1)}{r \times (r-1) \times \cdots \times 1}$$

단, n과 r은 둘 다 0 이상의 정수 (0, 1, 2, …)이며, $n \geqq r$ 이다.

2-3 대칭성

나 그리고 n명 중에서 r명을 선택하는 조합의 수는 이렇게도 나타낼 수 있지.

82

$$\frac{n!}{r!\,(n-r)!}$$

$$= \frac{n \times (n-1) \times \cdots \times (r+1) \times \overbrace{r \times (r-1) \times \cdots \times 2 \times 1}^{r!\text{과 같음}}}{r!\,(n-r)!}$$

$$= \frac{n \times (n-1) \times \cdots \times (r+1) \times r!}{r!\,(n-r)!}$$

$$= \frac{n \times (n-1) \times \cdots \times (r+1)}{(n-r)!} \qquad \text{분모와 분자를 } r!\text{로 약분한다}$$

$$= \frac{n \times (n-1) \times \cdots \times (r+1)}{(n-r) \times (n-r-1) \times \cdots \times 1} \qquad \begin{array}{l}\text{분모의 } (n-r)!\text{을 곱셈기호를}\\ \text{사용하여 나타낸다.}\end{array}$$

유리 뭐야, 골치 아프게 생긴 식이 또 나왔네…. 아까는 $(n-r)!$

로 약분했지만 이번엔 $r!$로 약분했다는 건가?

나 맞아. $(n-r)!$뿐만 아니라, $r!$로도 약분할 수 있어.

유리 식을 보면 금방 알 수 있잖아.

나 그럼 두 식이 같다는 건 알겠니?

$$\frac{n \times (n-1) \times \cdots \times (n-r+1)}{r \times (r-1) \times \cdots \times 1} = \frac{n \times (n-1) \times \cdots \times (r+1)}{(n-r) \times (n-r-1) \times \cdots \times 1}$$

유리 으악! 또 나왔다!

나 식을 보면 금방 알 수 있다면서요.

유리 뭐야, 지금 놀리는 거야? 음, 좌변은 $(n-r)!$로 약분한 식이고, 우변은 $r!$로 약분한 식인가?

나 정답! 같은 식을 두 방식으로 표현해봤어.

유리 그러네.

나 그리고 여기서부터 대칭공식을 유도해낼 수 있지.

대칭공식

$$\binom{n}{r} = \binom{n}{n-r}$$

유리 그렇구나⋯. 어? 이거 당연한 거 아니야? 왜냐면

$$_n\mathrm{C}_r = {}_n\mathrm{C}_{n-r}$$

이잖아. 'n명 중에서 r명을 선택하는 것'이랑 'n명 중에서 $n-r$명을 남기는 것'이랑 같으니까.

나 맞았어! 지금 그 말을 수식으로 나타낸 거야.

유리 그래?

나 n과 r로 나타내면 좀 헷갈리지만 선택된 사람을 s명, 남겨진 사람을 t명이라고 할 때 $n = s + t$로 나타내면 대칭성을 알 수 있지.

유리 대칭성?

나 $\dfrac{(s+t)!}{s!\,t!} = \dfrac{(t+s)!}{t!\,s!}$ 라고 써도 잘 알 수 있지. 좌우대칭이잖아.

유리 그러네.

나 그건 그렇고 유리는 귀찮다 귀찮다 하면서도 수식은 꼼꼼히 보더라. 훌륭해.

유리 후후. 나만의 비결이 있지.

나 비결?

2-4 처음과 마지막을 본다

유리 비결을 말하자면 식의 **처음과 마지막을 보는 거야.**

나 그게 무슨 뜻이야?

유리 예를 들어서

$$n \times (n-1) \times \cdots \times (n-r+1)$$

같은 식을 오빠가 썼다고 해봐. 이때 처음 n과 마지막 $(n-r+1)$을 보는 거지.

$$\underbrace{n}_{\text{처음}} \times (n-1) \times \cdots \times \underbrace{(n-r+1)}_{\text{마지막}}$$

나 그렇군.

유리 그리고 $n = 5$, $r = 3$ 같은 숫자를 대입해보는 거야. '처음'은 n이니까 5! '마지막'은 $(n-r+1)$이니까 $5-3+1 = 3$이지. 그러면 '아, 이 식은 $5 \times 4 \times 3$을 말하는 거구나!' 하고 이해할 수 있지.

나 유리! 진짜 똑똑하다!

유리 흠흠, 나 괜찮았어?

나 훌륭해, 훌륭해.

유리 머리 쓰담쓰담!

나는 유리의 머리를 쓰다듬어 주었다.

나 수식을 읽는 방법에는 유리가 말한 '처음과 마지막을 보기' 외에도 '수를 세기'라는 방법도 있어.

유리 어떤 수를 세는데?

나 예를 들어서 $n \times (n-1) \times (n-2) \times \cdots \times (n-r+2) \times (n-r+1)$ 같은 식을 읽을 때

$$\underbrace{n}_{1개} \times \underbrace{(n-1)}_{2개} \times \underbrace{(n-2)}_{3개} \times \cdots \times \underbrace{(n-r+2)}_{r-1개} \times \underbrace{(n-r+1)}_{r개}$$

유리 ….

나 1개, 2개, 3개…. 이런 식으로 '수를 세면', 'r개의 식을 곱하고 있다'는 걸 쉽게 알 수 있지?

유리 너무 어렵다. 처음 나오는 1개, 2개, 3개까진 알겠는데 마지막에 $r-1$이랑 r은 어디서 튀어나온 거야? 도중에 쩜쩜쩜 (…)이 끼니까 무슨 소리인지 도무지 모르겠어.

나 아, 그럴 수 있겠네. 이거야말로 비결이 있어. $n \times (n-1) \times (n-2) \times \cdots$ 은 **하나씩 줄어드는 수를 곱**하는 기야.

유리 응.

나 그리고 처음 나오는 '1개, 2개, 3개…'은 **하나씩 늘어나는 수**이고.

유리 당연하지.

나 그렇다면 말이지. **둘을 더하면 결과는 항상 일정하다**라고 말할 수 있겠지? 즉 이 경우는 항상 $n+1$이 나오는 거야.

$$n \qquad\qquad n\text{은 첫 번째}, n+1 = n+1$$

$$\times (n-1) \qquad (n-1)\text{은 두 번째}, (n-1)+2 = n+1$$

$$\times (n-2) \qquad (n-2)\text{은 세 번째}, (n-2)+3 = n+1$$

$$\times \cdots$$

유리 더하면 항상 $n+1$이 되는구나….

나 그러면 $(n-r+2)$가 몇 번째인지는 어떻게 알 수 있을까?

유리 알았다! $(n-r+2)$에 뭘 더하면 $n+1$이 되는지를 생각하면 되니까 $r-1$번째야!

나 맞았어. 마찬가지로 생각하면 $(n-r+1)$은 r번째라는 걸 알수 있지. $(n-r+1)+r = n+1$이니까.

$n \qquad\qquad\qquad n\text{은 첫 번째}, n+1 = n+1$

$\times (n-1) \qquad\quad (n-1)\text{은 두 번째}, (n-1)+2 = n+1$

$\times (n-2) \qquad\quad (n-2)\text{은 세 번째}, (n-2)+3 = n+1$

$\times \cdots \qquad\qquad\quad \cdots$

$\times (n-r+2) \quad (n-r+2)\text{은 } r-1\text{번째}, (n-r+2)+(r-1) = n+1$

$\times (n-r+1) \quad (n-r+1)\text{은 } r\text{번째}, (n-r+1)+r = n+1$

나 이런 식으로 조금씩 계산해나가면 '수를 셀 수' 있어. 그리고 조합의 수를 나타내는 식을 '수를 세는' 관점으로 보자면….

$$\binom{n}{r} = \frac{\overbrace{n \times (n-1) \times (n-2) \times \cdots \times (n-r+2) \times (n-r+1)}^{r\text{개의 곱}}}{\underbrace{r \times (r-1) \times (r-2) \times \cdots \times 2 \times 1}_{r\text{개의 곱}}}$$

유리 분모도 분자도 r개의 식을 곱했다는 뜻이야?

나 그렇지. 이렇게 각각 끊어서 써도 돼.

$$\binom{n}{r} = \underbrace{\frac{n}{r} \times \frac{n-1}{r-1} \times \frac{n-2}{r-2} \cdots \frac{n-r+2}{2} \times \frac{n-r+1}{1}}_{r\text{개의 곱}}$$

나 이렇게 쓰면 분모와 분자 모두 r개의 식을 곱했다는 걸 쉽게 알 수 있어.

유리 ….

나 여기까지 생각하면 이 식이 $\frac{5}{3} \times \frac{4}{2} \times \frac{3}{1}$ 즉 $\frac{5 \times 4 \times 3}{3 \times 2 \times 1}$의 일반화라는 건 금방 알 수 있지. 수식을 끄적이다 보면 이런 식으로 n이나 r을 써서 일반화한 식이나 5나 3을 써서 구체적으로 쓴 식이 바로 눈에 들어오지?

유리 글쎄다. 마지막 말엔 동의하기 어렵지만 어쨌든 재밌긴
　하다!

나 그렇지? 수식을 끄적이는 건 진짜 재밌다니까.

유리 수식을 끄적이는 걸 재밌어하는 사람은 오빠밖에 없을 거
　야. 역시 수학 덕후!

나 덕후 아니라니까.

2-6 파스칼의 삼각형

유리 오빠는 수식을 끄적이는 게 진짜 재밌나 봐. 오빠를 보고
　있으면 나도 수식을 만들고 싶어져.

나 그렇지? 혹시 유리는 **파스칼의 삼각형**에 대해 알고 있니?

유리 알지. 위의 둘을 더해서 아래 수를 만드는 거지? 오빠가
　옛날에 자주 그려줬잖아.

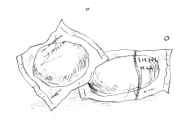

파스칼의 삼각형

```
                    1
                 1     1
              1     2     1
           1     3     3     1
        1     4     6     4     1
     1     5    10    10     5     1
  1     6    15    20    15     6     1
1     7    21    35    35    21     7     1
1   8    28    56    70    56    28     8     1
```

나 그럼 여기에 나오는 수가 모두 조합의 수가 된다는 건 알
   고 있니?

유리 음…, 대체 어디가?

나 이렇게 표로 만들어야 더 잘 보이겠다.

n \ r	0	1	2	3	4	5	6	7	8
0	1								
1	1	1							
2	1	2	1						
3	1	3	3	1					
4	1	4	6	4	1				
5	1	5	10	10	5	1			
6	1	6	15	20	15	6	1		
7	1	7	21	35	35	21	7	1	
8	1	8	28	56	70	56	28	8	1

표로 나타낸 파스칼의 삼각형

유리 하나도 안 보이는데….

나 파스칼의 삼각형에서 'n행 r열의 수'가 우리가 이야기한 'n개 중에서 r개를 선택하는 조합의 수'가 되거든.

유리 진짜?

나 예를 들면 말이야. '5개 중에서 2개를 선택하는 조합의 수'를 생각해보자. 그러면 $\binom{5}{2} = \frac{5 \times 4}{2 \times 1} = 10$개지. 그리고 이 표를 보면 여기도 '5행 2열의 수'는 10으로 되어 있어.

r n	0	1	2	3	4	5	6	7	8
0	1								
1	1	1							
2	1	2	1						
3	1	3	3	1					
4	1	4	6	4	1				
5	1	5	10	10	5	1			
6	1	6	15	20	15	6	1		
7	1	7	21	35	35	21	7	1	
8	1	8	28	56	70	56	28	8	1

《5행 2열의 수》는 $\binom{5}{2}$와 같다.

유리 진짜네! 아, 이 표는 0행부터 시작하는구나.

나 맞아. 0부터 시작하는 게 편해서 그래.

유리 그렇구나.

나 아까 얘기했던 '대칭공식'도 파스칼의 삼각형으로 유도할 수 있는데, 할 수 있겠니?

대칭공식

$$\binom{n}{r} = \binom{n}{n-r}$$

유리 모르겠는데.

나 그렇게 빨리 대답한다는 건 생각하지 않았단 증거라고 미르카한테 혼났잖아.

유리 뭐야. 여기서 미르카 언니가 왜 나오냐구! 음, 행의 숫자가 좌우대칭이다, 이건가?

나 그렇지. 표를 보면 1 1이나, 1 2 1이나, 1 3 3 1, … 모든 행의 숫자가 좌우대칭으로 배열되어 있어. 8행은

$$\quad 1 \quad 8 \quad 28 \quad 56 \quad 70 \quad 56 \quad 28 \quad 8 \quad 1$$

이지. 이건 정확하게 '대칭공식'이라는 이름과 딱 맞아떨어져.

유리 그러네.

나 대칭공식은 이처럼 파스칼의 삼각형이나, 유리가 말한 것처럼 'n명 중에서 r명을 뽑기'를 'n명 중에서 $n-r$명을 남기기'로 증명할 수 있지. 조합의 수는 이처럼 다양한 관점으

로 보는 것이 가능해.

유리 그렇군.

나 근데, 좀 신기하지 않아?

유리 뭐가?

나 파스칼의 삼각형은 0행에 1이라 쓰고 1행에 1 1이라고 쓰고, 나머지는 위 행의 두 수를 더해서 만들잖아. 양 끝단은 항상 1이고.

유리 그러고 보니까 그러네.

n＼r	0	1	2	3	4	5	6	7	8
0	1								
1	1	1							
2	1	2	1						
3	1	3	3	1					
4	1	4	6	4	1				
5	1	5	10	10	5	1			
6	1	6	15	20	15	6	1		
7	1	7	21	35	35	21	7	1	
8	1	8	28	56	70	56	28	8	1

파스칼의 삼각형 만들기

나 이렇게 2개의 수를 더하기만 하는 방법으로 조합의 수가 나오는 이유가 뭐라고 생각해?

유리 이유라니…. 어떤 이유?

나 파스칼의 삼각형은 정말로 조합의 수를 만든다고 할 수 있을까? 그게 문제야.

●●● 문제 4 (파스칼의 삼각형과 조합의 수)
파스칼의 삼각형은 정말로 조합의 수를 만든다고 할 수 있을까?

유리 모르겠어. 아, 이번엔 생각하고 대답한 거야! 그러니까, 지금 모르겠다는 건 '어떻게 대답해야 할지' 모르겠다는 거야.

나 물론 그럴 거야. '답을 어떻게 말해야 하는지' 아리송한 문제이긴 해.

유리 맞아, 맞아! 어떻게 답해야 하는 거야?

나 문제의 답은 몇 가지가 있겠지만 예를 들면 수식만으로 답하는 방법이 있겠지.

유리 수식만으로?

나 파스칼의 삼각형은 '양 끝단은 1이고, 위 행의 2개의 수를 더해서 만든다'라고 말할 수 있지? 이걸 조합의 수 $\binom{n}{r}$은 $\frac{n!}{r!\,(n-r)!}$이라는 식으로 정의할 수 있어.

유리 응, 그렇지. 그래서?

나 그러니까 **파스칼의 삼각형을 만드는 방법으로 이 조합의 수의 식이 유도된다는 것을 증명하면 되는 거야.**

유리 ….

나 잘 모르겠어?

유리 잠깐만.

유리의 표정이 갑자기 심각해졌다. 깊은 생각에 빠진 것 같았다. 나는 유리를 조용히 기다렸다.

나 ….

유리 오빠, 그런데….

나 응?

유리 재밌다.

나 뭐가?

유리 난 파스칼의 삼각형은 이미 알고 있었고, 조합의 수가 된
다는 말을 듣고는 '아, 그럴 수도 있겠다'라고 생각했거든?
하지만 그걸 '증명해야겠다'라는 생각은 전혀 하지 않았어.

나 응.

유리 그런데 곰곰이 생각해보니까 파스칼의 삼각형을 만드는
하나의 방법으로 조합의 수가 만들어진다는 걸 확신하면 안
돼. $\binom{5}{2}$로 시도해보니까 언뜻 보기에는 조합의 수가 될 것 같
아. 하지만 그렇다고 다른 숫자들도 모두 조합의 수가 된다
는 보장은 없잖아.

나 맞아! 바로 그거야, 유리! 아주 훌륭해. 그래서 보이는 숫자
뿐만 아니라 더 아래에 있는 보이지 않는 숫자들까지도 조합
의 수가 된다는 보장을 하기 위해서 **증명**을 하는 거야.

유리 근데 그게 가능해?

나 물론이지. 조금만 시간을 들이면 돼. 같이 증명해보자.

유리 그래, 그래!

나 좋아. 이제부터 우리가 증명해야 하는 것은 0 이상의 모든
정수 n과 r에 대해 $n \geq r$일 때 표로 나타낸 **파스칼의 삼각형
의 n행 r열의 수가** $\binom{n}{r}$**과 같다**는 거야.

유리 응. 분명 이를 증명할 수 있다면 파스칼의 삼각형이 조합
의 수가 된다고 말할 수 있지.

나 파스칼의 삼각형의 'n행 r열의 수'를 $\mathrm{T}(n, r)$이라 쓰기로 하자.

$$\mathrm{T}(n,\ r) \qquad \text{파스칼의 삼각형의 '}n\text{행 } r \text{열의 수'}$$

유리 이렇게 쓸 수도 있구나!

나 그러면 우리가 증명하려는 것을 식으로 나타낼 수 있어. 즉 $\mathrm{T}(n,\ r) = \binom{n}{r}$ 을 증명하면 돼.

$$\mathrm{T}(n,\ r) \overset{?}{=} \frac{n!}{r!\,(n-r)!}$$

유리 그렇구나!

나 일단 한번 시도를 해보자. $\mathrm{T}(0, 0)$ 값은 어떻게 될까?

유리 '0행 0열'의 수지? 1이네. 표에서는.

r n	0	1	2	3	4	5	6	7	8
0	①								
1	1	1							
2	1	2	1						
3	1	3	3	1					
4	1	4	6	4	1				
5	1	5	10	10	5	1			
6	1	6	15	20	15	6	1		
7	1	7	21	35	35	21	7	1	
8	1	8	28	56	70	56	28	8	1

$$T(0, 0) = 1$$

나 응. 그리고 $\dfrac{n!}{r!\,(n-r)!} = \dfrac{0!}{0!\,(0-0)!} = 1$이니까 이것도 1이 돼.

즉, $T(0, 0) = \binom{0}{0}$은 1로 같고, 바꿔 말하면 $n = 0$, $r = 0$일 때 $T(n, r) = \binom{n}{r}$이 성립하는 거지.

유리 아직 갈 길이 멀구나!

나 이번에는 특별한 n과 r에 대해 생각해보자.

유리 특별한?

나 각 행의 '양 끝단'을 생각하는 거지. 즉 $r = 0$, $n = r$일 때.

유리 음. 아! 1이 되는 곳?

나 맞아. 파스칼의 삼각형에서는 $r = 0$일 때와 $n = r$일 때는 반드시 1이 돼. 즉 $\mathrm{T}(n, 0) = 1$과 $\mathrm{T}(n, n) = 1$이라 할 수 있지.

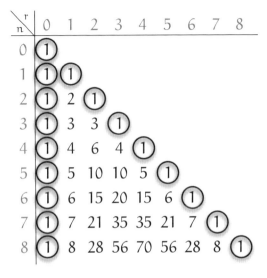

$$\mathrm{T}(\boldsymbol{n}, \boldsymbol{0}) = 1, \ \mathrm{T}(\boldsymbol{n}, \boldsymbol{n}) = 1$$

나 그렇다면 $r = 0$일 때와 $n = r$일 때 조합의 수는 어떻게 될까?

유리 $r = 0$일 때는 $\dfrac{n!}{r!\,(n-r)!} = \dfrac{n!}{0!\,(n-0)!} = \dfrac{n!}{n!} = 1$이니까, 1
이야.

나 맞았어. 따라서 $\mathrm{T}(n, 0) = \binom{n}{0}$은 항상 성립해. 그럼 $n = r$일

때는 어떨까?

유리 $n = r$일 때는 $\dfrac{n!}{r!\,(n-r)!} = \dfrac{n!}{n!\,(n-n)!} = \dfrac{n!}{n!} = 1$이니까 이

것도 1이네!

나 좋아! 이것으로 $T(n, n) = \binom{n}{n}$도 성립한다는 걸 알아냈어.

- $T(n, 0) = \binom{n}{0}$은 성립한다.
- $T(n, n) = \binom{n}{n}$은 성립한다.

유리 근데 이건 파스칼의 삼각형의 양 끝단만 그런 거잖아? 안쪽은 어떻게 할 건데?

나 파스칼의 삼각형을 만들 때처럼 식을 쓰면 되지.

유리 이웃한 숫자 2개를 서로 더하면 된다는 거야?

나 식을 써서 제대로 생각해보자. n행에 배열된 수 중에서 r열과 $r+1$열의 수를 서로 더한다고 해보자. 즉 $T(n, r)$과 $T(n, r+1)$을 더한다는 거지. 그럼….

유리 그럼 아래 행이니까 $n+1$행의 수야?

나 그래. $n+1$행에 $r+1$열의 수, 즉 $T(n+1, r+1)$이지.

유리 그렇구나!

나 **파스칼의 삼각형을 만드는 방법**은

$$T(n, r) + T(n, r+1) = T(n+1, r+1)$$

이렇게 표현할 수 있어. 그러니까 조합의 수 $\binom{n}{r}$에서도 똑같은 식이 성립하는지 확인하면 되겠지.

다음 식이 성립하는가?

$$\binom{n}{r} + \binom{n}{r+1} = \binom{n+1}{r+1}$$

단, n과 r은 0 이상의 정수이며, $n \geqq r + 1$이다.

유리 우와! 오빠, 근데 이걸 어떻게 풀어?

나 조합의 정의식을 사용해서 좌변을 계산해나가면 돼. 분수의
덧셈이니까 통분해서 계산해보자.

$$\binom{n}{r} + \binom{n}{r+1}$$

$$= \frac{n!}{r!\,(n-r)!} + \frac{n!}{(r+1)!\,(n-(r+1))!} \qquad \text{조합의 수를 계승으로 나타낸다.}$$

$$= \frac{r+1}{r+1} \cdot \frac{n!}{r!\,(n-r)!} + \frac{n-r}{n-r} \cdot \frac{n!}{(r+1)!\,(n-(r+1))!} \qquad \text{통분을 준비한다.}$$

$$= \frac{(r+1) \times n!}{(r+1) \times r!\,(n-r)!} + \frac{(n-r) \times n!}{(n-r) \times (r+1)!\,(n-r-1)!} \qquad \text{통분한다.}$$

$$= \frac{(r+1) \times n!}{(r+1)!\,(n-r)!} + \frac{(n-r) \times n!}{(r+1)!\,(n-r)!} \qquad \text{분모를 계산한다.}$$

$$= \frac{(r+1) \times n! + (n-r) \times n!}{(r+1)!\,(n-r)!} \qquad \text{더한다.}$$

$$= \frac{((r+1) + (n-r)) \times n!}{(r+1)!\,(n-r)!} \qquad n!\text{으로 묶는다.}$$

$$= \frac{(n+1) \times n!}{(r+1)!\,(n-r)!} \qquad (r+1) + (n-r) = n+1\text{이므로}$$

$$= \frac{(n+1)!}{(r+1)!\,(n-r)!} \qquad (n+1) + n! = (n+1)!\text{이므로}$$

$$= \binom{n+1}{r+1} \qquad \text{조합의 수로 나타낸다.}$$

유리 으악! 너무 복잡해! 진짜 통분한 거 맞아?

나 $(r+1) \times r! = (r+1)!$ 이랑 $(n-r) \times (n-r-1)! = (n-r)!$을 알

아차릴 필요가 있어. 그리고 마지막에 $(n+1) \times n! = (n+1)!$

도 마찬가지고. 계승의 정의를 생각하면 금방 알 수 있지만.
좀 어렵지?

유리 좀 복잡하긴 한데 그래도 계산이 되네!

나 따라서 결국 이런 식이 성립하지.

다음 식이 성립한다.

$$\binom{n}{r} + \binom{n}{r+1} = \binom{n+1}{r+1}$$

단, n과 r은 0 이상의 정수이며, $n \geq r+1$이다.

유리 파스칼의 삼각형의 'n행 r열의 수'는 'n명 중에서 r명을
선택하는 조합의 수'와 같다는 게 증명된 거야?

나 그래. 이걸로 끝이야.

유리 해냈네!

●・● **해답 4 (파스칼의 삼각형과 조합의 수)**

표로 나타낸 파스칼의 삼각형의 'n행 r열의 수'는 'n명 중
에서 r명을 선택하는 조합의 수'와 같다.

나 표로 나타낸 파스칼의 삼각형을 자세히 살펴보면 여러 가지
'공식'을 발견할 수 있어.

유리 진짜? 어떤 공식?

나 예를 들면 이런 거지. 제3열을 위에서부터 쭉 살펴보자.

$\begin{matrix} & r \\ n & \end{matrix}$	0	1	2	3	4	5	6	7	8
0	1								
1	1	1							
2	1	2	1						
3	1	3	3	1					
4	1	4	6	4	1				
5	1	5	10	10	5	1			
6	1	6	15	20	15	6	1		
7	1	7	21	35	35	21	7	1	
8	1	8	28	56	70	56	28	8	1

유리 제3열이라면 1, 4, 10, 20, 35, 56, ⋯ 이 부분이야?

나 맞아. 이것을 차례로 더해나가는 거야. 예를 들어서 맨 처

음의 3개.

유리 맨 처음의 3개를 더하면 15인데?

$$1 + 4 + 10 = 15$$

나 그리고 지금 더한 범위의 오른쪽 바로 아래를 봐봐. 신기
하게도….

유리 어라! 15가 있네!

r n	0	1	2	3	4	5	6	7	8
0	1								
1	1	1							
2	1	2	1						
3	1	3	3	1					
4	1	4	6	4	1				
5	1	5	10	10	5	1			
6	1	6	15	20	15	6	1		
7	1	7	21	35	35	21	7	1	
8	1	8	28	56	70	56	28	8	1

$$1 + 4 + 10 = 15$$

나 파스칼의 삼각형에서는 1부터 세로로 차례차례 더한 결과
가 오른쪽 바로 아래에 반드시 나와. 마치 하키스틱처럼!

유리 우아! 정말!

나 하나 더 해볼까? 제1열은 1, 2, 3, 4, 5, 6, 7, 8, … 이지? 위
에서부터 7개를 더해봐.

유리 위에서부터 7개를 더하면 $1 + 2 + 3 + 4 + 5 + 6 + 7 = 28$
인데, 오른쪽 바로 아래에! 그러네! 정말 28이 있어!

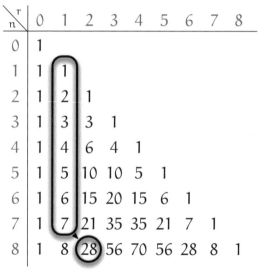

$$1 + 2 + 3 + 4 + 5 + 6 + 7 = 28$$

나 파스칼의 삼각형은 **어떤 열에서도** 이게 성립돼. 1부터 차례

로 더해나가면 오른쪽 바로 아래에 그 합이 나와.

유리 신기하다!

유리는 파스칼의 삼각형의 여기저기를 마구 더해보았다.

나 재미있지?

유리 진짜 재밌다!

나 그럼 이제부터 이걸 **증명**해보자.

유리 증명하자고? 뭘?

나 뭐긴. 지금 본 '어떤 열을 1에서부터 차례로 더해나가면 그 결과가 오른쪽 바로 아래에 있다'는 걸 증명하는 거지.

유리 아, 그걸 증명하자고? 그게 가능해?

나 가능해. 우선 '어떤 열을 1에서부터 차례로 더해나가면 그 결과가 오른쪽 바로 아래에 있다'는 걸 **수식**으로 나타내야 해.

유리 또 수식이야?

나 수식으로 나타내야 증명할 수 있거든. 예를 들면 r열에 세로로 배열된 수 중에서 맨 위에 있는 수는?

유리 음, $\binom{r}{r}$이지?

나 그래. 그럼 그 바로 아래의 수는?

유리 $\binom{r+1}{r}$이 되겠네. 아, 그러니까 위에서부터 더한다는 건

$$\binom{r}{r} + \binom{r+1}{r} + \cdots$$

이라는 식을 만들면 된다는 건가?

나 맞아! 이런 식으로 더해나가는 거야. 예를 들어서 n행까지
더하면

$$\binom{r}{r} + \binom{r+1}{r} + \cdots + \binom{n}{r}$$

이 된다. 그러면

$$\binom{n+1}{r+1} = \binom{r}{r} + \binom{r+1}{r} + \cdots + \binom{n}{r}$$

이 성립한다는 걸 증명하면 돼!

유리 무슨 얘기인지 알겠어!

나 증명이 그렇게 어려운 건 아니야. 파스칼의 삼각형을 만드
는 방법을 떠올리면 돼. $\binom{n+1}{r+1}$을 분해해보자.

$$\binom{n+1}{r+1} = \binom{n}{r} + \binom{n}{r+1}$$

유리 다음은?

나 다음은 $\binom{n}{r+1}$을 분해하는 거야. 이렇게 분해를 반복해나 가는 거지.

$$\binom{n+1}{r+1}$$

$$= \underbrace{\binom{n}{r} + \binom{n}{r+1}}_{} \quad \text{더하기로 분해한다.}$$

$$= \binom{n}{r} + \underbrace{\binom{n-1}{r} + \binom{n-1}{r+1}}_{} \quad \text{더하기로 분해한다.}$$

$$= \binom{n}{r} + \binom{n-1}{r} + \underbrace{\binom{n-2}{r} + \binom{n-2}{r+1}}_{} \quad \text{더하기로 분해한다.}$$

$$= \cdots$$

$$= \binom{n}{r} + \binom{n-1}{r} + \binom{n-2}{r} + \cdots + \underbrace{\binom{r+1}{r} + \binom{r+1}{r+1}}_{} \quad \text{더하기로 분해한다.}$$

나 마지막의 $\binom{r+1}{r+1}$은 $\binom{r}{r}$과 같아. 둘 다 1이니까. 이걸로 완 성이야.

$$\binom{n+1}{r+1} = \binom{n}{r} + \binom{n-1}{r} + \binom{n-2}{r} + \cdots + \binom{r+1}{r} + \underbrace{\binom{r}{r}}_{}$$

유리 나머지는 뒤에서부터 순서대로 배열하면 되는 거야?

$$\binom{n+1}{r+1} = \binom{r}{r} + \binom{r+1}{r} + \cdots + \binom{n-2}{r} + \binom{n-1}{r} + \binom{n}{r}$$

나 응, 맞아. 어떤 열을 1에서부터 차례로 더한 결과가 오른쪽 바로 아래의 수와 같다는 것은 이걸로 증명되었어.

유리 생각보다 간단하네.

나 파스칼의 삼각형을 따로 떼 그려보면 금방 알 수 있어. 15를 예로 들어보면 이런 식으로 분해하면서 위로 올라가면 돼. 15는 10 + 5 이고, 5는 4 + 1이고. 이런 식으로 쭉쭉 올라가는 거지. 마지막은 1로 끝나.

유리 아, 이건 방금 한 증명이랑 똑같은 거네. 분해를 반복하는 거니까!

나 이렇게 파스칼의 삼각형을 가지고 놀다 보면 조합의 수가 재미있어져.

유리 그러네. 나보다 오빠가 훨씬 더 재미있어 보이지만….

나 그럼 이런 문제는 어떨까.

● ● **문제 5 (식을 만족하는 쌍의 개수)**

x, y, z는 1 이상의 정수이다 (1, 2, 3, …).

다음 식을 만족하는 (x, y, z)는 몇 쌍 있는지 구하시오.

$$x + y + z = 7$$

유리 근데 왜 갑자기 주제를 바꿔?

나 내가? 바꾼 적 없는데.

유리 x, y, z 이야기로 바뀌었잖아.

나 아니야. 문제를 잘 읽어봐. $x + y + z = 7$을 만족하는 (x, y, z)의 쌍의 개수를 세는 거니까 이것도 결국 조합의 수야.

유리 나 이런 거 잘 못한단 말이야! 끈기 있게 세는 거.

나 같이 한번 해보자. $1 + 1 + 5 = 7$이니까 $(x, y, z) = (1, 1,$

5)로 1쌍이지? 그리고 1 + 2 + 4 = 7이니까 $(x, y, z) = (1, 2, 4)$로 2쌍.

유리 (1, 3, 3)이랑 (1, 4, 2)랑 (1, 5, 1)로 5쌍이다.

우리는 $x + y + z = 7$을 만족하는 (x, y, z)를 모두 다 써봤다.

$x + y + z = 7$을 만족하는 (x, y, z)를 모두 찾아서 쓴다.

x	y	z	
1	1	5	$1 + 1 + 5 = 7$
1	2	4	$1 + 2 + 4 = 7$
1	3	3	$1 + 3 + 3 = 7$
1	4	2	$1 + 4 + 2 = 7$
1	5	1	$1 + 5 + 1 = 7$
2	1	4	$2 + 1 + 4 = 7$
2	2	3	$2 + 2 + 3 = 7$
2	3	2	$2 + 3 + 2 = 7$
2	4	1	$2 + 4 + 1 = 7$
3	1	3	$3 + 1 + 3 = 7$
3	2	2	$3 + 2 + 2 = 7$
3	3	1	$3 + 3 + 1 = 7$
4	1	2	$4 + 1 + 2 = 7$
4	2	1	$4 + 2 + 1 = 7$
5	1	1	$5 + 1 + 1 = 7$

나 다 찾았다.

유리 으! 너무 힘들어!

나 엄살떨기는. 답은 15쌍이라는 걸 알 수 있지?

●●● **해답 5 (식을 만족하는 쌍의 개수)**

x, y, z는 1 이상의 정수이다 (1, 2, 3, ⋯).

다음 식을 만족하는 (x, y, z)는 모두 15쌍 있다.

$$x + y + z = 7$$

유리 그래서? 이게 뭐가 중요해?

나 지금 표를 만들면서 눈치챘겠지만 7이라는 숫자를 x, y, z
로 어떻게 만들 수 있는지를 찾아봤잖아?

유리 그랬지.

나 그렇다면 칸막이를 한번 쳐보자. 예를 들어서 1 + 1 + 5이면

이렇게 그리는 거지.

x	y	z	
1	1	5	● | ● | ●●●●●
1	2	4	● | ●● | ●●●●
1	3	3	● | ●●● | ●●●
1	4	2	● | ●●●● | ●●
1	5	1	● | ●●●●● | ●
2	1	4	●● | ● | ●●●●
2	2	3	●● | ●● | ●●●
2	3	2	●● | ●●● | ●●
2	4	1	●● | ●●●● | ●
3	1	3	●●● | ● | ●●●
3	2	2	●●● | ●● | ●●
3	3	1	●●● | ●●● | ●
4	1	2	●●●● | ● | ●●
4	2	1	●●●● | ●● | ●
5	1	1	●●●●● | ● | ●

유리 음…. 그래서?

나 x, y, z를 넣을 수 있는 7개의 ●가 배열되어 있어. 여기에다 2개의 칸막이 (|)를 그려 넣는 거야. 그럼 칸막이를 그려 넣을 수 있는 곳은 모두 몇 군데일까?

유리 ●는 7개니까 칸막이를 그려 넣을 수 있는 곳은 6군데겠네.

● 1 ● 2 ● 3 ● 4 ● 5 ● 6 ●

여기에다 칸막이를 2개, 앗!

116

나 눈치챘니?

유리 6군데 중에 어디에 칸막이 2개를 그려 넣을 것인지는 '6개 중에서 2개를 선택하는 조합'이 되는구나!

나 정답. 그리고 그것이 (x, y, z)의 수가 되지.

유리 응! $\binom{6}{2} = \frac{6 \times 5}{2 \times 1} = 15$니까 정확히 15개!

나 따라서 이것도 조합의 수를 찾는 문제였어.

유리 와! 재밌네. 나라면 '칸막이를 그려 넣을' 생각은 절대 못 했을 거야.

나 $1 + 1 + 5$라는 식을 ●|●|●●●●●로 대응할 수 있으니까. 그렇게 이상한 얘기는 아니지. 일반적으로는 이렇게 풀어쓸 수 있어.

정수 n은 1 이상, 정수 r은 1 이상 n 이하라 할 때, 방정식

$$x_1 + x_2 + x_3 + \cdots + x_r = n$$

을 충족하는 1 이상의 정수의 쌍$(x_1, x_2, x_3, \cdots, x_r)$의 개수는

$$\binom{n-1}{r-1}$$

개가 된다.

나 아까는 $n = 7$이면서 $r = 3$인 경우를 생각했던 거지.

유리 앗!

나 왜 그래?

유리 어느새 수식을 세다니! 역시 오빠 수학 덕후야.

나 덕후 아니라니까!

"일반적으로 생각하지 않으면 꿈은 펼쳐지지 않아."

제2장의 문제

● ● ● **문제 2-1 (계승)**

다음을 계산하시오.

① $3!$

② $8!$

③ $\dfrac{100!}{98!}$

④ $\dfrac{(n+2)!}{n!}$ (n은 0 이상의 정수)

(해답은 p.313)

● ● ● **문제 2-2 (조합)**

학생 8명 중에서 농구 선수 5명을 선택하는 경우의 수를 구하시오.

(해답은 p.314)

다음 그림과 같이 원형으로 배열한 6개의 문자가 있다.

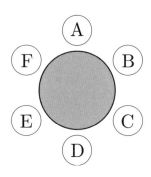

이웃한 문자들끼리 묶어서 문자가 1개 이상 포함된 묶음을 3개 만든다고 할 때 경우의 수를 구하시오. 묶음의 예시는 다음 그림과 같다.

(해답은 p.316)

아래 식의 좌변은 '$n+1$명 중에서 $r+1$명을 선택하는 조합의 수'를 나타낸다. $n+1$명 가운데 1명을 '왕'으로 지정할 때 아래의 식이 성립됨을 설명하시오.

$$\binom{n+1}{r+1} = \binom{n}{r} + \binom{n}{r+1}$$

단, n과 r은 0 이상의 정수이며, $n \geqq r+1$이다.

(해답은 p.317)

부록:계승·순열·조합

계승(팩토리얼) $n!$

0 이상의 정수 n에 대하여

$$n \times (n-1) \times \cdots \times 1$$

을 n의 계승이라고 하며, $n!$과 같이 나타낸다. 특히 $0!$은 1로 정의한다.

순열 $_nP_r$

순열은 서로 다른 n개 중 r개를 선택해 일렬로 나열한 것이다. 순열의 수는

$$\frac{n!}{(n-r)!} = n \times (n-1) \times \cdots \times (n-r+1)$$

로 구할 수 있다. 특히 $n = r$의 경우 순열의 수는 계승 $n!$과 같다. 순열의 수는 보통 $_nP_r$로 나타낸다.

조합 $\binom{n}{r}$, $_nC_r$

조합은 서로 다른 n개에서 순서를 생각하지 않고 r개를 선택하는 것을 말한다. 조합의 수는

$$\frac{n!}{r!\,(n-r)!}$$

로 구할 수 있으며, $\binom{n}{r}$으로 나타낸다. 조합의 수는 보통 $_nC_r$로 나타낸다.

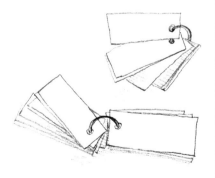

제3장

벤다이어그램의 패턴

"너랑 나의 공통점은 뭘까?

유리 오빠, 뭐 재미있는 거 없어?

오늘도 유리는 내 방에 놀러와 있다.

나 갑자기?

유리 지난번에 그 시계 퍼즐*, 진짜 재밌었는데.

나 그 시계 퍼즐은 유리가 가져온 거였잖아.

유리 그렇긴 한데, 오빠가 이것저것 설명해줘서 더 재밌었거든!

나 그랬니? 다행이네.

유리 그런 재밌는 거 없을까?

나 그러면, 이건 시계 퍼즐이랑은 좀 다르지만….

유리 뭐?

나 '확률분포표'라고 말해봐.

유리 뭐야 그게?

나 그냥 일단 따라 해봐. 확률분포표.

유리 확률분포표.

---

* 《수학 소녀의 비밀노트 - 정수 귀신》 참고

나 그럼 이번엔 5번 연속해서 말해봐.

유리 확률분포표, 확률분표표, 확률뷴표표, 표표표… 뷴…. 에잇! 짜증 나! 오빠 뭐야!

나 하하하! 미안, 미안.

유리 이런 거 말고, 시계 퍼즐 같은 거!

나 글쎄다. 그냥 숫자를 나열하다 보면 재미있는 발상이 떠오르는 거라서.

유리 없는 거야?

나 그렇다면 시계를 이렇게 한번 그려볼까?

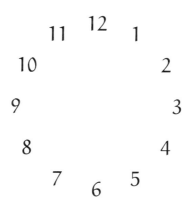

유리 바늘이 없으니까 시계 같지가 않아.

나 우선은 숫자만 그려봤어. 그럼 이번엔….

유리 이번엔!

나 유리가 한번 생각해볼까?

유리 갑자기? 무슨 생각을 해야 하는지 모르겠어, 오빠.

나 아무 생각이나 상관없어. 뭐가 있을까…. 아, 그럼 이런 식
으로 숫자를 나눠볼까?

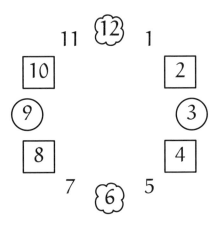

유리 오! 대칭이 되도록 숫자를 나눈 거야?

나 아니, 꼭 그런 건 아니야.

유리 그래? 그럼 어떻게 나눈 건데?

나 배수별로 모양을 바꿨을 뿐이야.

유리 아하, 그렇군. □(네모)는 2의 배수고, ○(동그라미)는 3의
배수고, ♡(구름)은 6의…. 잉? 이상하다. 6은 2의 배수인데

네모가 아니잖아!

나 오, 유리 아주 꼼꼼한데? 배수별로 모양을 바꿨다고 하면 헷갈리겠네. 나는 이런 식으로 모양을 분류했어.

- □는 2의 배수이지만 3의 배수가 아닌 수.
- ○는 3의 배수이지만 2의 배수가 아닌 수.
- ♡은 6의 배수.
- 테두리가 없는 것은 2의 배수도, 3의 배수도 아닌 수.

유리 윽! 너무 복잡해!

나 하나도 안 복잡해. 복잡한 것처럼 보일 뿐이야. 요약해서 말하면 '2의 배수'와 '3의 배수'로 분류한 거야. 다시 이렇게 바꾸면 좀 더 깔끔해지겠다.

- □는 2의 배수 그리고 3의 배수가 아닌 수
- ○는 2의 배수가 아닌 수 그리고 3의 배수
- ♡는 2의 배수 그리고 3의 배수
- 테두리가 없는 것은 2의 배수가 아닌 수 그리고 3의 배수가 아닌 수

유리 깔끔해지긴. 오히려 더 복잡해!

나 아니라니깐.

유리 **그리고**라는 건 무슨 뜻이야?

나 'A 그리고 B'라는 건 'A이면서 동시에 B'라는 뜻이야.

유리 그렇군….

나 예를 들어서

2의 배수 그리고 3의 배수

라는 건

2의 배수이면서 동시에 3의 배수이기도 한

수를 뜻하지. 즉 6의 배수.

유리 아하.

나 1 이상 12 이하의 정수는 이 4가지 중의 어느 하나에 해당하겠지. 빠지는 수도, 중복되는 수도 없어.

유리 음…. 알 것 같은데 그래도 복잡하긴 하다.

나 복잡하면 이 12개의 수를 **벤다이어그램**으로 그려보자.

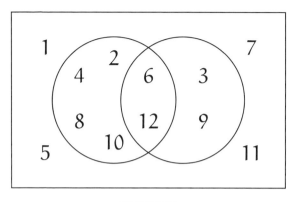

벤다이어그램

유리 이거 본 적 있어.

나 수가 많아서 복잡할 땐 벤다이어그램을 그려보면 그 집합 간의 관계를 쉽게 알 수 있어. 벤다이어그램은 **집합의 포함관 계**를 나타내거든.

유리 포함관계?

나 응. 포함의 '포'는 '쌀 포(包)'라는 한자이고 '함'은 '머금을 함(含)'이라는 한자야.

유리 이 왼쪽 원 안의 수들은 2의 배수지?

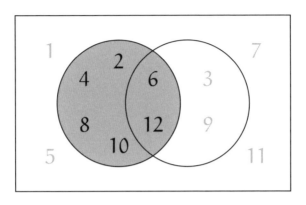

2의 배수

나 그래. 1부터 12까지의 정수 중 2의 배수를 왼쪽 원 안에 나타낸 거야. 2, 4, 6, 8, 10, 12의 6개지.

유리 그리고 오른쪽 원은 3의 배수지?

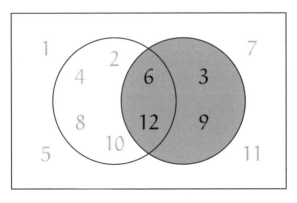

3의 배수

나 맞아. 3의 배수는 3, 6, 9, 12의 4개. 1부터 12까지는.

유리 중간에 겹친 부분이 6의 배수다!

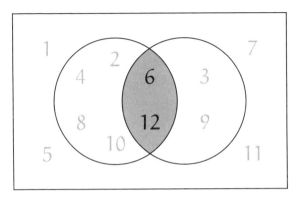

6의 배수

나 빙고. 이 겹친 부분은 두 집합의 **공통부분** 또는 **교집합**이라고 해.

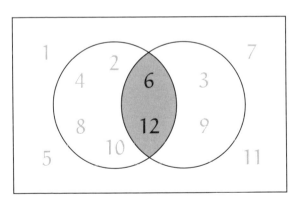

2의 배수와 3의 배수의 교집합

유리 꼭 럭비공 같은 모양이네.

나 그렇네. 하지만 벤다이어그램에서는 모양은 별로 중요하
지 않아.

유리 그래?

나 그 럭비공…. '2의 배수와 3의 배수의 교집합'은 '2의 배수
그리고 3의 배수의 집합'이 되겠지.

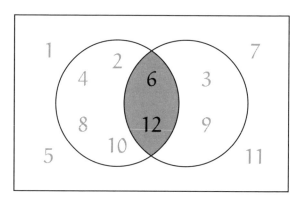

2의 배수 그리고 3의 배수의 집합

유리 당연한 거 아니야?

나 그럼 이건 어떤 수의 집합일까?

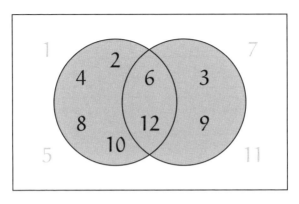

어떤 수의 집합?

유리 이거 말이야, 2의 배수랑 3의 배수를 합친 거야.

나 맞아. 그래서 이것을 두 집합의 **합집합**이라고 해.

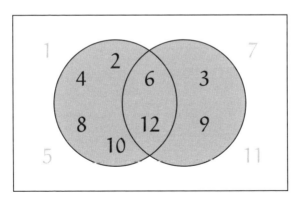

2의 배수와 3의 배수의 합집합

유리 엄청 쉽다!

나 이 합집합은 2의 배수 또는 3의 배수인 수의 집합이 되겠지. 'A 또는 B'라는 건 '적어도 A와 B 중의 어느 하나'라는 뜻 이고 **적어도**니까 A와 B의 둘 중 무엇이든 상관없다는 거지.

유리 그러니까 둘 중에 아무거나 선택해도 괜찮다는 거잖아?

나 그렇지.

교집합

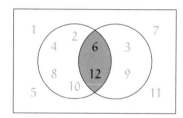

- 2의 배수와 3의 배수의 교집합
- 2의 배수 그리고 3의 배수의 집합

합집합

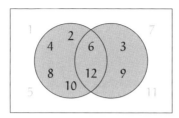

- 2의 배수와 3의 배수의 합집합
- 2의 배수 또는 3의 배수의 집합

유리 이렇게 정리할 수 있구나!

나 그럼 여기서 퀴즈 하나. 이건 어떤 수의 집합일까?

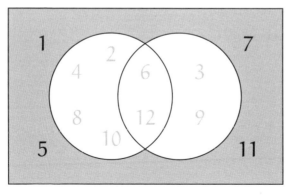

어떤 수의 집합?

유리 2의 배수도 아니고 3의 배수도 아닌 수.

나 그렇지. 다른 말로 표현하면

2의 배수가 아닌 수 그리고 3의 배수가 아닌 수의 집합이지.

유리 아하, 그렇구나.

나 이 두 그림을 나란히 놓고 보면 꽤 흥미로운 사실을 알 수 있어.

그림 A. 2의 배수 또는 3의 배수의 집합

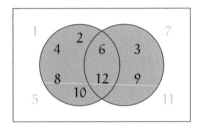

그림 B. 2의 배수가 아닌 수 그리고 3의 배수가 아닌 수의 집합

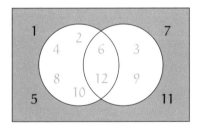

유리 아! 완전 정반대네!

나 맞아. 그림 A에서 색칠된 곳이 그림 B에서는 색칠이 안 돼 있고, 그림 A에서 색칠이 안 된 곳은 그림 B에서는 색칠이 돼 있지. 완전 정반대야.

유리 그러네.

나 이것을 **여집합**이라고 해. 그림 A의 여집합은 그림 B이고, 그림 B의 여집합은 그림 A야.

유리 여집합?

나 어떤 집합의 여집합이란, '전체집합에서 주어진 집합의 요소를 제외한 집합'을 말해. 여기선 1부터 12까지의 정수가 전체집합에 해당하지.

유리 그런 집합도 있구나….

나 아, 재미있는 문제가 하나 생각났다.

유리 뭔데, 뭔데?

나 벤다이어그램으로 여러 패턴을 그릴 수 있겠어. 2의 배수, 3의 배수, 교집합, 합집합, 여집합….

유리 그렇겠다.

나 우리가 지금까지 몇 개 찾았지?

유리 음, 한 5개쯤?

나 그러면 이 그림에 몇 개의 패턴이 숨어 있을까?

●●● **문제 1 (벤다이어그램)**

지금까지 찾아낸 아래의 패턴 5개 이외에 어떤 패턴이 있는

지 찾아내고, 패턴이 모두 몇 개인지 구하시오.

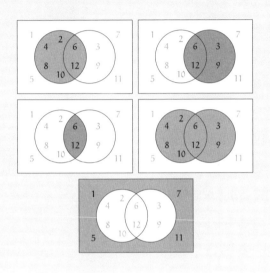

유리 아마 8개일 거 같은데?

나 뭐야, 왜 그렇게 생각하는데?

유리 그냥 그럴 거 같아. 왠지 짝수일 거 같은 느낌.

나 그런 엉터리가 어딨어….

유리 에이, 알았어. 제대로 생각해봐라, 이거지?

나 말귀를 참 잘 알아듣는구나….

유리 근데, 나 뭔가 알아낸 거 같아.

나 뭔데?

유리 아까 오빠가 여집합에 대해 얘기했잖아. 그 얘기를 듣고 나서 벤다이어그램을 보니까 완전 정반대의 패턴을 찾을 수 있겠더라고.

나 예리하네!

유리 첫 번째로 2의 배수의 여집합이 있어.

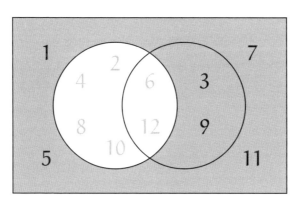

2의 배수의 여집합

나 응, 이건 홀수의 집합이지.

유리 그리고 3의 배수의 여집합도 만들 수 있어.

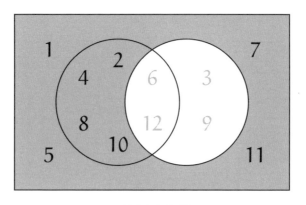

3의 배수의 여집합

나 좋아! 이건 3으로 나누어떨어지지 않는 수지.

유리 그리고 럭비공 바깥 부분인 6의 배수의 여집합!

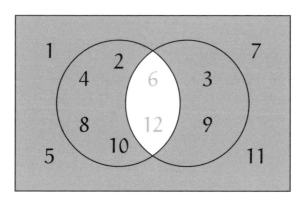

6의 배수의 여집합

나 3개 더 찾았으니까, 8개네.

유리 봐! 내가 말했잖아? 8개라고.

나 글쎄…. 과연 8개가 끝일까?

유리 그럼 더 있어?

나 뭐, 정 안 보인다면 정답을 얘기할게….

유리 잠깐! 잠깐만! 기다려봐!

유리는 그림을 뚫어지게 쳐다보면서 다른 패턴이 있는지 찾기 시작했다. 나는 유리가 대답할 때까지 조용히 기다렸다.

나 아직이야?

유리 알았다! 초승달이 있네!

나 찾았어? 그건 어떤 수야?

유리 음…. 2의 배수이지만 6의 배수가 아닌 수.

나 2의 배수 그리고 3의 배수가 아닌 수라고도 말할 수 있지.

유리 그렇구나.

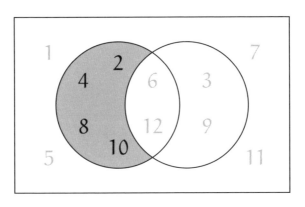

2의 배수 그리고 3의 배수가 아닌 수의 집합

나 이게 다야?

유리 당연히 아니지! 이것의 여집합이 있지!

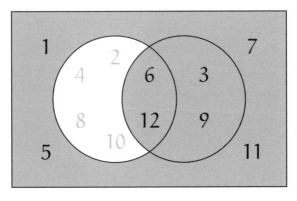

'2의 배수 그리고 3의 배수가 아닌 수의 집합'의 여집합

나 이건 2의 배수가 아닌 수 또는 3의 배수인 수겠다.

유리 아! 진짜? 2의 배수는 아니지만 3의 배수인…. 아, 그렇구나. 2의 배수가 빠지니까 6의 배수도 당연히 아웃이라고 생각했는데, 3의 배수니까 세이프란 얘기네?

나 맞았어. 잘 이해했구나.

유리 2개 찾았으니까, 모두 10개야. 더 있어?

나 항복이야?

유리 잠깐, 아냐. 아! 찾았다. 이번엔 3의 배수로 초승달을 만들면 되겠네. 오른쪽에 있는 초승달. 이걸로 2개 추가. 모두 다해서 12개!

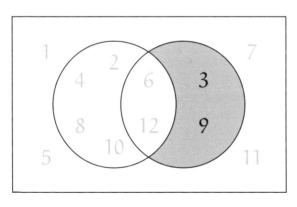

2의 배수가 아닌 수 그리고 3의 배수의 집합

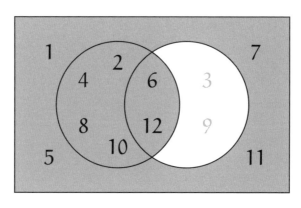

'2의 배수가 아닌 수 그리고 3의 배수의 집합'의 여집합

나 잘 찾네. 기특하다!

유리 흐흐흐. 다 찾아내고 말겠어!

나 과연 더 있을까?

유리 이게 끝 아닐까?

나 글쎄?

유리 어? 찾았다! 초승달 2개를 합치면 되겠어!

나 찾아냈네! 그럼 또 퀴즈. 이 집합은 어떤 수의 집합일까?

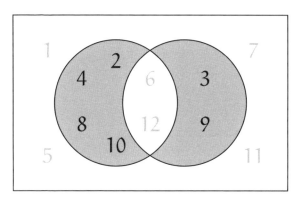

어떤 수의 집합?

유리 이건 말이야, '2의 배수지만 3의 배수가 아닌 수' 또는 '2
　　의 배수가 아닌 수이지만 3의 배수'인 집합 아니야? 으, 복
　　잡하다!

나 제대로 맞췄어.

　　2의 배수 그리고 3의 배수가 아닌 수

　　또는

　　2의 배수가 아닌 수 그리고 3의 배수가 되겠지.

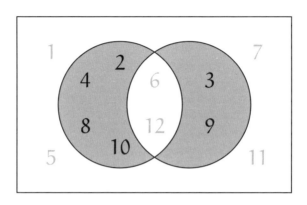

'2의 배수 그리고 3의 배수가 아닌 수 또는
2의 배수가 아닌 수 그리고 3의 배수'의 집합

유리 이제 13개 찾았다. 그리고 이 집합의 여집합도 넣어야지.

그럼 14개야!

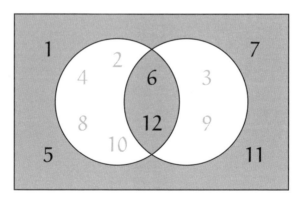

'2의 배수 그리고 3의 배수가 아닌 수 또는
2의 배수가 아닌 수 그리고 3의 배수의 집합'의 여집합

나 이건 이렇게 말해야 더 이해하기 쉬울 거야.

2의 배수 그리고 3의 배수

또는

2의 배수가 아닌 수 그리고 3의 배수가 아닌 수의 집합.

이렇게 말이야.

유리 그러네….

나 이제 끝?

유리 어? 아직 더 있어? 14개씩이나 찾았는데?

나 이제 항복할 거야?

유리 잠깐만! 다 찾으면 항복할 필요도 없잖아! 됐어! 패턴은 다해서 14개야!

나 아깝네. 찾아야 하는 패턴이 아직 2개나 남아 있었는데.

유리 진짜? 말도 안 돼! 그럼 오빠가 그려봐.

나 '전체집합'이 있지. 이러면 15개.

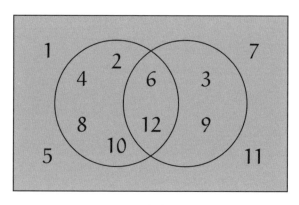

전체집합

유리 아, 이게 있었구나!

나 그리고 전체집합의 여집합인 '공집합'까지 16개.

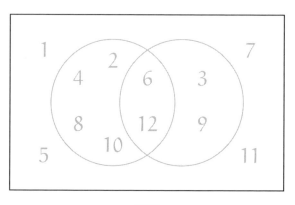

공집합

유리 '아무것도 없다'도 집합이 되는구나!

나 이게 전부야. 나올 수 있는 패턴은 모두 16개였습니다.

●●● **해답 1 (벤다이어그램)**

모두 합쳐서 16개의 패턴이 있다.

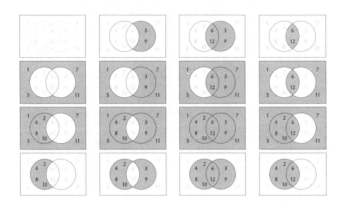

유리 너무 아까워!

나 그래? 그래도 14개나 찾았잖아!

유리 오빠가 나를 낮게 평가하는 거 같아서 짜증 나…. 잠깐! 설
마 16개보다 더 많은 건 아니겠지?

나 무슨 소리. 이게 다야.

유리 어떻게 그렇게 자신만만해? 놓치고 있을 수도 있잖아!

나 당연히 자신 있게 말할 수 있지. 벤다이어그램을 분해해보면 금방 알 수 있어. 마치 종이 공작하듯이 하나하나 자르면 말이야.

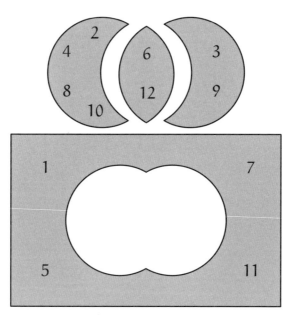

벤다이어그램을 분해한다.

유리 이걸로 뭘 알 수 있는데?

나 우선 벤다이어그램을 이렇게 4조각으로 나눠보자.

◑ 왼쪽 초승달

◐ 오른쪽 초승달

● 럭비공

◖◗ 틀

유리 응.

나 벤다이어그램으로 만들 수 있는 패턴이란 게 아무리 복잡한 패턴이라도 이 4조각 중에 어느 것을 '사용하고' 어느 것을 '사용하지 않느냐'로 정해져.

유리 응?

나 4조각 중에 마음에 드는 걸 고르고 그걸 합친 합집합이 바로 패턴이 되니까. 예를 들어서

 과  과

의 합집합은

이렇게 되지?

유리 그래서?

나 어떤 조각을 사용하느냐에 따라 패턴이 정해진다, 즉

- 왼쪽 초승달 을 '사용' 또는 '사용 안 함'의 2가지 경우의 수가 있다.

- 오른쪽 초승달 을 '사용' 또는 '사용 안 함'의 2가지 경우의 수가 있다.

- 럭비공 을 '사용' 또는 '사용 안 함'의 2가지 경우의 수가 있다.

- 틀 을 '사용' 또는 '사용 안 함'의 2가지 경우의 수가 있다.

이거지.

유리 그렇구나! 그러면 개수는 $2 \times 2 \times 2 \times 2$로 구할 수 있겠네!

나 맞아. 각각의 조각이 경우의 수를 2개씩 가지고 있으니까 2를 4번 곱하는 게 되지. 이걸 계산하면 16이 나와.

유리 그래서 무조건 16개의 패턴이 나온다!

나 빙고!

유리 그렇구나…. 인정하기 싫지만, 내가 졌다.

나 16개의 패턴은 이렇게 표로도 만들 수 있어.

	◐	◑	◉	◍	
0	《사용 안 함》	《사용 안 함》	《사용 안 함》	《사용 안 함》	
1	《사용 안 함》	《사용 안 함》	《사용 안 함》	《사용》	
2	《사용 안 함》	《사용 안 함》	《사용》	《사용 안 함》	
3	《사용 안 함》	《사용 안 함》	《사용》	《사용》	
4	《사용 안 함》	《사용》	《사용 안 함》	《사용 안 함》	
5	《사용 안 함》	《사용》	《사용 안 함》	《사용》	
6	《사용 안 함》	《사용》	《사용》	《사용 안 함》	
7	《사용 안 함》	《사용》	《사용》	《사용》	
8	《사용》	《사용 안 함》	《사용 안 함》	《사용 안 함》	
9	《사용》	《사용 안 함》	《사용 안 함》	《사용》	
10	《사용》	《사용 안 함》	《사용》	《사용 안 함》	
11	《사용》	《사용 안 함》	《사용》	《사용》	
12	《사용》	《사용》	《사용 안 함》	《사용 안 함》	
13	《사용》	《사용》	《사용 안 함》	《사용》	
14	《사용》	《사용》	《사용》	《사용 안 함》	
15	《사용》	《사용》	《사용》	《사용》	

유리 어라? 근데 왜 1부터 16이 아니고 0부터 15야?

나 표에 쓴 '사용'을 1이라 하고 '사용 안 함'을 0이라 하면 0 부터 15까지를 이진수로 표기한 거랑 같아지거든. 거기에

맞춘 거야.

십진수	이진수	◖◗	◖◗	◖◗	◖◗	
0	0000	0	0	0	0	◖◗
1	0001	0	0	0	1	◖◗
2	0010	0	0	1	0	◖◗
3	0011	0	0	1	1	◖◗
4	0100	0	1	0	0	◖◗
5	0101	0	1	0	1	◖◗
6	0110	0	1	1	0	◖◗
7	0111	0	1	1	1	◖◗
8	1000	1	0	0	0	◖◗
9	1001	1	0	0	1	◖◗
10	1010	1	0	1	0	◖◗
11	1011	1	0	1	1	◖◗
12	1100	1	1	0	0	◖◗
13	1101	1	1	0	1	◖◗
14	1110	1	1	1	0	◖◗
15	1111	1	1	1	1	◖◗

유리 우와! 이런 데서 이진수가 나오네!*

---

* 《수학 소녀의 비밀노트 – 정수 귀신》 참고

나 수학은 전부 다 연결되어 있거든.

유리 그 말, 미르카 언니 따라 한 거지?

나 하하. 미르카 같았나?

3-2 집합

유리 이진수가 이렇게 쓰일 수 있구나!

나 그렇지? 이진수 말고도 여러 분야에서 '집합'을 활용할 수 있지.

유리 또 어떤 분야?

나 예를 들어 직선이나 원 같은 도형을 다루는 분야인 기하학이 있어.

유리 삼각형도?

나 도형은 '점'들이 모인 것이라고 볼 수 있으니까 '도형은 점의 집합'이라는 거지.

유리 그렇구나. 그래서?

나 그래서 집합의 개념을 사용해서 도형을 다룰 수 있어.

유리 음…. 감이 잘 안 잡히네.

나 그래? 예를 들어볼게. **구면**, 공의 겉면을 상상해봐. 비눗방

울의 겉면도 괜찮고.

유리 구면? 알았어.

나 그리고 커다란 칼을 집어서 **평면**으로 자르면….

유리 팡!

나 으악! 깜짝이야. 왜 갑자기 소리를 지르고 그래!

유리 히히, 칼로 공을 자르면 팡 터지잖아.

나 아…. 그렇긴 하지만 공은 예시야, 예시. 수박이라 할 걸 그
랬나. 어쨌든 구면을 평면으로 자르면 그 단면은 **원**이 되겠
지. 어때?

유리 응, 맞아.

나 그 원은 '구면을 구성하는 점의 집합'과 '평면을 구성하는
점의 집합'이라는 두 집합의 '교집합'이라 할 수 있겠지.

유리 두 집합의 교집합.

나 응. '구면을 구성하는 점' 그리고 '평면을 구성하는 점', 그런
점들의 집합 말이지.

유리 뭘 그렇게 복잡하게 설명해…. 어라?

나 왜?

유리 잠깐. 방금 오빠가 한 말, 이상해.

나 이상하다니?

유리 오빠 방금 '구면을 구성하는 점의 집합'이랑 '평면을 구

성하는 점의 집합'의 '교집합'은 원이라고 얘기했는데, 원이 아닐 때도 있잖아. 뭐랄까, 이렇게…. 아슬아슬 끝부분에 딱, 이렇게.

나 맞아! 유리가 지금 한 얘기는 구면과 평면이 '접할 때'를 말한 거지? 날카로운 걸. 구면이 평면에 접할 때는 두 집합의 교집합이 딱 하나의 점 뿐이지. 그 한 점을 **접점**이라고 하고.

유리 맞지? 그러니까 원이 될 때도 있지만, 점이 될 때도 있잖아?

나 그래. 한 점을 '반지름이 0인 원'이라 표현….

유리 오빠, 무슨 생각해?

나 아무것도 아니야. 한 점을 '반지름이 0인 원'이라 표현할 수도 있지.

유리 또 하나, 헛스윙 할 때도 있어.

나 헛스윙?

유리 칼이 허공을 가르는 거지.

나 그래. 그러면 구면과 평면의 교집합은 공집합이라 할 수 있겠네.

유리 아하. 그렇게 표현할 수도 있겠다.

나 이렇게 집합을 활용해 수학의 여러 개념을 표현할 수 있어.

유리 그건 그렇고, 오빠. 아까 벤다이어그램의 패턴을 여러 개 찾아봤었잖아.

나 응.

유리 나 초등학교 때 비슷한 문제를 풀어봤어.

나 어떤 문제?

유리 초콜릿이랑 쿠키를 좋아하는 사람의 수를 구하는 문제였는데, 이런 문제였어.

●●● **문제 2 (초콜릿과 쿠키)**

교실에 있는 30명의 학생에게 초콜릿과 쿠키를 좋아하는지 싫어하는지 물어보는 설문 조사를 했다. 그 결과

- 초콜릿을 좋아한다고 대답한 학생은 21명이었다.
- 쿠키를 좋아한다고 대답한 학생은 14명이었다.
- 둘 다 싫어한다고 대답한 학생은 5명이었다. (말도 안 돼! 어떻게 둘 다 싫어할 수 있지?)

초콜릿과 쿠키를 둘 다 좋아한다고 대답한 학생은 몇 명인지 구하시오.

나 오, 좋아, 좋아.

유리 지금 막 대충 만든 문젠데, 오빠 알겠어?

나 그럼. 그림을 그리면 더 쉽게 설명할 수 있겠어… '교실에
있는 사람의 집합'이랑 '초콜릿을 좋아하는 사람의 집합'이
랑 '쿠키를 좋아하는 사람의 집합'을 벤다이어그램으로 그
리면 되겠다.

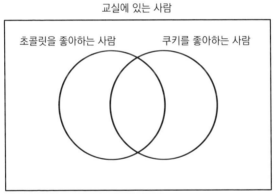

벤다이어그램을 그려본다.

유리 응, 응.

나 문제에서 주어진 조건들은 이렇게 그릴 수 있겠지.

(a) 교실에 있는 사람은 30명

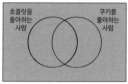

(b) 초콜릿을 좋아하는 사람은 21명

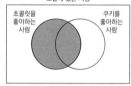

(c) 쿠키를 좋아하는 사람은 14명

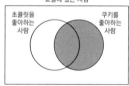

(d) 둘 다 싫어하는 사람은 5명

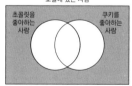

유리 그러니까 이해하기 쉽다!

나 초콜릿을 좋아하는 사람(21명)이랑 쿠키를 좋아하는 사람
(14명)이랑 둘 다 싫어하는 사람(5명)을 더하면 21 + 14 + 5
= 40이 되는데, 교실에 있는 사람(30명)보다 10명이나 더
초과해. 왜 초과하냐면….

유리 둘 다 좋아하는 사람을 중복해서 셌으니까!

나 맞아. 그 초과한 10명이 바로 둘 다 좋아하는 사람이 되는
거야.

● ● ● 해답 2 (초콜릿과 쿠키)

초콜릿과 쿠키를 둘 다 좋아하는 사람은 10명이다.

유리 초등학교 때는 이 문제를 이해하기가 어려웠어.

나 왜?

유리 왜냐면, 선생님은 '초콜릿을 좋아하는 사람'이라고 하셨
는데, 난 그때 '초콜릿을 좋아하는 사람 중에는 쿠키를 좋아
하는 사람도 있을 수 있는' 건지 몰랐거든.

나 그랬군.

유리 선생님이 말씀하신 '초콜릿을 좋아하는 사람'이라는 말을
'초콜릿만 좋아하는 사람'으로 착각했던 거야.

나 말로만 설명하다 보면 그런 식으로 오해하기 쉽지.

유리 더 자세하게 설명해주셨으면 좋았을 텐데….

나 괜히 내가 미안하네.

유리 왜 오빠가 미안해?

나 그냥….

유리 뭐, 그랬었다는 얘기야. 암튼 이런 집합 문제는 벤다이어 그램을 그려보니 이해하기가 쉽네!

나 응. 아, 진짜 그러네.

유리 뭐가?

나 유리가 한 말이 맞아. 지금 우린 집합에 속한 원소를 센 건데, 이럴 때 벤다이어그램을 그리면서 생각하는 건 정말 올바른 자세야.

유리 뭐야? 지금까지 벤다이어그램으로 그려보는 법을 얘기했던 거 아니었어?

나 나는 사실 이것들을 수식으로 나타내는 방법에 대해서 말하려고 했던 거였거든.

유리 수식으로 나타내는 방법?

나 그러니까 말이야. 교실에 있는 사람의 수, 초콜릿을 좋아하는 사람의 수, 쿠키를 좋아하는 사람의 수, 초콜릿과 쿠키를 둘 다 좋아하는 사람의 수, 초콜릿과 쿠키를 둘 다 싫어하는 사람의 수…. 그 집합 간의 관계를 일반적인 수식으로 나타낼 수 있겠다고 생각했거든. 좋아하는

유리 무슨 소린지 잘 모르겠어.

나 이런 수식이야.

《교실에 있는 사람의 수》+《초콜릿과 쿠키를 둘 다 좋아하는 사람의 수》
=《초콜릿을 좋아하는 사람의 수》+《쿠키를 좋아하는 사람의 수》
  +《초콜릿과 쿠키를 둘 다 싫어하는 사람의 수》

유리 그러니까….

나 아니다. 이렇게 쓰는 게 더 자연스럽겠다.

《교실에 있는 사람의 수》-《초콜릿과 쿠키를 둘 다 싫어하는 사람의 수》
=《초콜릿을 좋아하는 사람의 수》+《쿠키를 좋아하는 사람의 수》
  -《초콜릿과 쿠키를 둘 다 좋아하는 사람의 수》

유리 교실에 있는 사람 중에서 초콜릿과 쿠키를 둘 다 싫어하

는 사람을 빼고…. 으악! 머리 아파.

나 아이참. 집중해서 봐봐.

유리 네, 네. 알겠습니다. 어디 보자…. 전체에서 초콜릿과 쿠키를 둘 다 싫어하는 사람의 수를 빼면…. 아, 알겠다. 그러니까 '초콜릿과 쿠키 중 적어도 어느 하나를 좋아하는 사람의 수'라는 얘기야?

나 그렇지.

유리 그니까 그건 초콜릿을 좋아하는 사람의 수와 쿠키를 좋아하는 사람의 수를 더한 다음에 초콜릿과 쿠키를 둘 다 좋아하는 사람을 빼면 되네…. 뭐야, 당연한 거 아니야?

나 그렇지. 당연하지.

유리 그럼 이렇게 되네! 벤다이어그램에서 둥근 거 2개 더한 다음에 겹친 럭비공 부분을 뺀 거지?

나 그렇지. 잘 이해하고 있네.

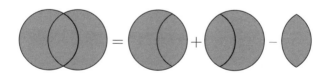

《초콜릿과 쿠키 중 적어도 어느 하나를 좋아하는 사람의 수》
=《초콜릿을 좋아하는 사람의 수》+《쿠키를 좋아하는 사람의 수》
－《초콜릿과 쿠키를 둘 다 좋아하는 사람의 수》

유리 정리 완료! 역시 오빠 수식이 좋은가 봐.

나 수식으로 나타내면 '확실하게 알고 있다'는 느낌이 들어서 마음이 편안해져.

유리 그래?

3-5 문자와 기호

나 하지만 아까 쓴 수식은 말로 풀어서 쓴 식이라 너무 장황해. **문자와 기호**를 사용하면 훨씬 간단하게 수식을 쓸 수 있지.

유리 그래? 예를 들면?

나 '초콜릿을 좋아하는 사람의 집합'을 A라고 하고 '쿠키를 좋아하는 사람의 집합'을 B라고 해보자. 문자로 쓰니까 훨씬 짧아지지?

유리 응. A와 B로 나타내니까 훨씬 짧다.

나 그리고 A에도 B에도 속하는 원소의 집합⋯. 즉 'A와 B의 교집합'을 $A \cap B$라고 표현할 수 있지.

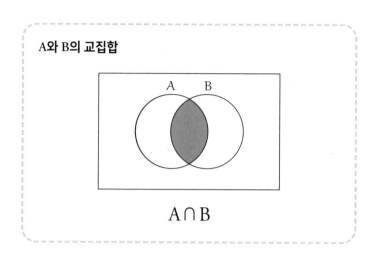

A와 B의 교집합

$A \cap B$

유리 아, 이거 본 적 있어. 오빠가 예전에 가르쳐줬던 것 같은데?

나 그랬나?

유리 비슷하게 생긴 기호가 있어서 되게 헷갈려.

나 맞아. 'A와 B의 교집합'은 $A \cap B$, 'A와 B의 합집합'은 $A \cup B$로 나타내지.

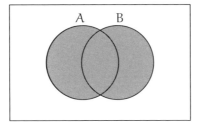

A와 B의 합집합

A∪B

유리 이거 봐, 헷갈리잖아. ∩인지 ∪인지.

나 그런가? 합집합의 기호 ∪은 바구니처럼 생겼잖아? A랑 B
를 한 바구니 안에 넣는다는 식으로 외우면 쉬울 거야.

유리 A랑 B를 한 바구니 안에 넣는다라⋯. 그렇군.

나 몇 번 쓰다 보면 금방 익숙해질 거야.

유리 그런가?

나 그럼. 이제 여집합이 남았네. 집합 A의 여집합은 A^c으로
나타내.

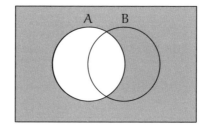

A의 여집합

A^C

유리 아하.

나 A의 여집합이라는 건 전체집합에서 A의 원소를 제외한 집합이야. 이 그림에서는 전체집합을 사각형으로 표시했으니까 A 부분만 쏙 빼면 되지.

유리 그러네.

나 원소의 개수도 식으로 나타낼 수 있어. '집합 A에 속한 원소의 개수'를 $n(A)$라고 써.

집합 A에 속한 원소의 개수

$$n(\mathrm{A})$$

유리 집합 A에 속한 원소의 개수라고 하면…, 초콜릿을 좋아하
는 사람의 수란 얘기야?

나 그렇지. '초콜릿을 좋아하는 사람의 수'를 $n(\mathrm{A})$로 표현하기
로 약속한 거야. A는 집합이고 $n(\mathrm{A})$는 집합을 이루는 원소
의 개수를 나타내는 거지.

유리 귀찮다.

나 처음엔 좀 귀찮지만 이렇게 기호를 외워놓으면 나중에 훨씬
편해져. 복잡한 것도 간단하게 표현할 수 있지.

유리 그래?

나 예를 들어서 'A와 B의 합집합의 원소의 개수'는 $n(\mathrm{A}\cup\mathrm{B})$
로 쓸 수 있어.

$$n(\mathrm{A}\cup\mathrm{B}) \qquad \text{A와 B의 합집합의 원소의 개수}$$

유리 아, 훨씬 간난하네.

나 그러니까 아까 '초콜릿과 쿠키 중 적어도 어느 하나를 좋아

하는 사람 수'의 식은 바로 이렇게 쓸 수 있어. 이 관계식을
포함-배제의 원리(Inclusion-exclusion principle)라고도 해.

유한집합의 원소의 개수 관계식(포함-배제의 원리)

$$n(A \cup B) = n(A) + n(B) - n(A \cap B)$$

유리 하하하, 그렇구나. 둘을 더해서 겹친 부분을 뺀다⋯. 이
　　거네!

나 유리야, 어때?

유리 응?

나 말로 장황하게 설명하는 것보다 이렇게 수식으로 표현하는
　　게 훨씬 간단하지 않아?

유리 응⋯. 간단하긴 한데 솔직히 좀 어려워.

나 그건 기호에 익숙하지 않아서 그래. 그럼 여기서 문제. 맞
　　는 것을 모두 골라봐.

맞는 것을 모두 고르시오. 단, 집합의 원소 개수는 모두 유
한수이다.

(1) 어떤 집합 A에 대해서

$$n(\mathrm{A}) \geqq 0$$

　가 성립한다.

(2) 어떤 집합 A와 B에 대해서

$$n(\mathrm{A} \cap \mathrm{B}) \leqq n(\mathrm{A})$$

　가 성립한다.

(3) 어떤 집합 A와 B에 대해서

$$n(\mathrm{A} \cup \mathrm{B}) \geqq n(\mathrm{A})$$

　가 성립한다.

(4) 어떤 집합 A와 B에 대해서

$$n(\mathrm{A} \cup \mathrm{B}) \leqq n(\mathrm{A}) + n(\mathrm{B})$$

　가 성립한다.

유리 ….

내가 문제를 내자마자 유리의 표정이 진지해졌다. 평소 수다스러운 유리와는 조금 달랐다. 나는 조용히 유리가 답을 찾아내기를 기다렸다.

나 ….

유리 오빠….

나 답을 찾았니?

유리 틀릴 수도 있는데…. 이거 (1)부터 (4)까지 전부 맞는 얘기 아니야?

나 맞아, 정답! 다 맞는 얘기야.

유리 그럴 줄 알았어!

아래의 (1)부터 (4)는 모두 맞다.

(1) 어떤 집합 A에 대해서

$$n(A) \geq 0$$

　가 성립한다.

(2) 어떤 집합 A와 B에 대해서

$$n(A \cap B) \leq n(A)$$

　가 성립한다.

(3) 어떤 집합 A와 B에 대해서

$$n(A \cup B) \geq n(A)$$

　가 성립한다.

(4) 어떤 집합 A와 B에 대해서

$$n(A \cup B) \leq n(A) + n(B)$$

　가 성립한다.

나　어때? 이제 기호는 익숙해졌니?

유리　그럼. 완벽해.

나　생각보다 빠르네.

유리 근데 문제를 풀려면 아직 벤다이어그램이 필요해.

나 그건 상관없어. 하나씩 이야기해볼까?

유리 이 문제의 (1)은 당연해. 개수가 0 이상이니까.

$$n(A) \geqq 0$$

나 그렇지.

유리 (2)도 당연히 맞지. 왜냐면 두 집합의 교집합이니까.

$$n(A \cap B) \leqq n(A)$$

나 응. $n(A \cap B)$는 A에 속하면서 동시에 B에도 속하는 원소의 개수니까, 집합 A의 원소의 개수 즉 $n(A)$ 이하가 되겠지.

유리 (3)도 당연해. 왜냐면 다른 거랑 합한 거잖아.

$$n(A \cup B) \geqq n(A)$$

나 그렇지. $n(A \cap B)$는 A와 B 중 적어도 어느 하나에 속해 있는 원소의 개수니까 적어도 $n(A)$는 반드시 있겠지. 즉 $n(A)$ 이상이 된다.

유리 (4)도 당연하고. 왜냐면…, 왜냐면, 당연하니까.

$$n(A \cup B) \leqq n(A) + n(B)$$

나 맞아. (4)는 아까 얘기했던 식 $n(A \cup B) = n(A) + n(B) - n(A \cap B)$를 보면 금방 알 수 있어. 우변 $n(A) + n(B)$에서 0 이상인 $n(A \cap B)$를 뺀 식이 $n(A \cup B)$이니까 $n(A) + n(B)$는 $n(A \cup B)$보다 크거나 같지.

유리 그러니까 전부 다 맞는다고 할 수 있어!

나 그래. 기호에 익숙해지기만 하면 '초콜릿과 쿠키를 둘 다 좋아하는 사람의 수'를 생각할 때 $n(A \cap B)$를 생각할 수 있 게 돼. 언뜻 어려워 보이는 수식도 사실은 당연하다는 걸 쉽 게 알 수 있어.

유리 응.

나 그러니까 수식이 어려워 보인다고 지레 겁먹을 필요가 없 다는 거야.

유리 내가 언제 겁먹었다고 그래? 그냥 조금, 가끔, 어쩌다 한 번 수식이 귀찮게 느껴질 때가 있다는 거지.

나 네, 네. 그러시겠죠.

유리 근데 너무 당연한 걸 풀었더니, 좀 아쉽다. 더 어려운 퀴 즈는 없어?

나 잘난 척하기는. 그럼…, 이번엔 이 문제.

두 집합 A와 B에 대하여 다음의 포함-배제의 원리가 성립
한다.

$$n(A \cup B) = n(A) + n(B) - n(A \cap B)$$

이를 세 집합 A, B, C로 확장하시오.

유리 으…. 이거, 무슨 뜻이야? 확장이라니?

나 그러니까 세 집합 A, B, C에 대하여 $n(A \cup B \cup C)$를 계산하
는 식을 유도하란 얘기지.

유리 그런 뜻이었구나…. 뭐야, 엄청 어렵잖아!

나 어? 그래? '너무 당연해서 아쉽다는' 유리한테 딱 맞는 수준
이라고 생각했는데?

유리 으윽…. 알았어. 생각하면 될 거 아니야!

그리고 또다시 유리의 표정이 바뀌었다….

나 풀었어?

유리 아마도.

나 어떤 식이 나왔어?

유리 틀렸을지도 몰라.

나 틀려도 괜찮아. 뭔데?

유리 이런 식이 나왔어.

●●● 유리의 풀이

$$n(A \cup B \cup C) = n(A) + n(B) + n(C)$$
$$- n(A \cap B) - n(A \cap C) - n(B \cap C)$$
$$+ n(A \cap B \cap C)$$

나 이 식은 어떻게 나온 거야?

유리 역시나 벤다이어그램으로 생각했어. $n(A \cup B \cup C)$라는 건 미키마우스의 귀같이 생긴 모양의 원소 개수잖아?

$n(A \cup B \cup C)$는 $A \cup B \cup C$의 원소 개수

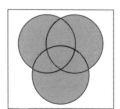

나 미키마우스라….

유리 그걸 그리면 되는데, 일단 A랑 B랑 C의 개수를 더한 건, 식 $n(A) + n(B) + n(C)$이지.

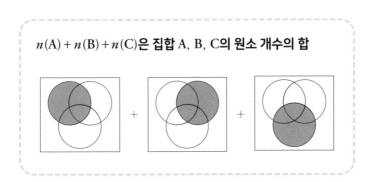

$n(A) + n(B) + n(C)$은 집합 A, B, C의 원소 개수의 합

나 그렇지.

유리 근데 이렇게 더하면 **너무 많이 더하게 돼**. 왜냐면 겹친 부분까지 더하게 되니까. 그래서 겹친 럭비공 부분…, 그러니까 $n(A∩B)$랑 $n(A∩C)$랑 $n(B∩C)$를 빼는 거야.

$n(A \cap B) + n(A \cap C) + n(B \cap C)$는 **집합** $A \cap B$, $A \cap C$, **$B \cap C$의 원소 개수의 합**

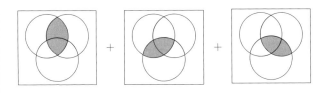

나 좋아.

유리 하지만 이번엔 **너무 많이 빼버리게 돼**. 왜냐면 3개의 럭비 공이 겹쳐진 부분을 전부 빼버려서 가운데 삼각형 부분이 비어버리니까. 그래서 그 부분을 메꾸기 위해서, $n(A \cap B \cap C)$를 더하는 거지.

$n(A \cap B \cap C)$는 **집합** $A \cap B \cap C$**의 원소 개수**

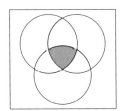

나 대단해! 완벽해, 유리.

유리 아, 맞았어? 진짜?

나 정답이야. 설명도 정확하고, 완벽해.

●●● **해답 4 (포함−배제의 원리)**

세 집합 A, B, C에 대하여 다음의 포함−배제의 원리가 성립한다.

$$n(A \cup B \cup C) = n(A) + n(B) + n(C)$$
$$- n(A \cap B) - n(A \cap C) - n(B \cap C)$$
$$+ n(A \cap B \cap C)$$

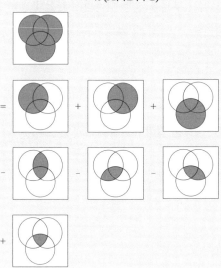

유리 완벽해! 오빠, 나 벤다이어그램 너무 좋아!

나 집합 $n(A \cap B)$, $n(A \cap C)$, $n(B \cap C)$의 원소 개수의 합을 순환
적(cyclic)인 순서로 써도 좋아.

$$\cdots - n(A \cap B) - n(A \cap C) - n(B \cap C) \cdots \quad \text{유리의 풀이}$$

$$\downarrow$$

$$\cdots - n(A \cap B) - n(B \cap C) - n(C \cap A) \cdots \quad \text{순환적인 순서}$$

유리 무슨 소리야?

나 순환적인 순서로 나타내면 A → B, B → C, C → A라는 식
으로 순서에 따라서 규칙적으로 보이잖아. 이렇게 쓰는 방
법도 있다고.

유리 그렇다고 내가 틀린 건 아니지?

나 물론.

유리 나도 나름 규칙에 따라 쓴 거라구. 무슨 소리냐면,

$$\cdots - n(A \cap B) - n(A \cap C) - n(B \cap C) \cdots$$

는 $n(A \cap B \cap C)$에서 A랑 B, A랑 C, B랑 C 순서대로 쓴 거
거든.

나 그랬구나!

"너와 나의 차이점은 무엇일까?"

제3장의 문제
- - - - - - - - - - - -

●●● **문제 3-1 (벤다이어그램)**

아래 그림의 두 집합 A, B에 대하여

다음 식으로 나타낼 수 있는 집합을 벤다이어그램으로 그리시오.

① $A^C \cap B$

② $A \cup B^C$

③ $A^C \cap B^C$

④ $(A \cup B)^C$

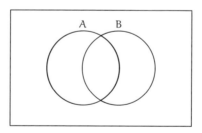

(해답은 p.320)

전체집합 U와 두 집합 A, B가 다음과 같다고 할 때, 교집합 A∩B
는 각각 어떤 집합을 나타내는지 말하시오.

① U = {x|x는 0 이상의 정수}

  A = {x|x는 3의 배수}

  B = {x|x는 5의 배수}

② U = {x|x는 0 이상의 정수}

  A = {x|x는 30 이상의 정수}

  B = {x|x는 12의 약수}

③ U = {(x, y)| 2개의 실수 x, y인 (x, y)}

  A = {(x, y)| $x + y = 5$를 만족하는 (x, y)}

  B = {(x, y)| $2x + 4y = 16$을 만족하는 (x, y)}

④ U = {x|x는 0 이상의 정수}

  A = {x|x는 홀수}

  B = {x|x는 짝수}

(해답은 p.322)

●●● 문제 3-3 (합집합)

전체집합 U와 두 집합 A, B가 다음과 같을 때, 합집합 A∪B는 각각 어떤 집합을 나타내는지 구하시오.

① U = {x|x는 0 이상의 정수}

　A = {x|x는 3으로 나누면 나머지가 1이 되는 수}

　B = {x|x는 3으로 나누면 나머지가 2가 되는 수}

② U = {x|x는 실수}

　A = {x|x는 $x^2 < 4$를 만족하는 실수}

　B = {x|x는 $x \geq 0$을 만족하는 모든 실수}

③ U = {x|x는 0 이상의 정수}

　A = {x|x는 홀수}

　B = {x|x는 짝수}

(해답은 p.327)

제4장

넌 누구랑 손잡을래?

"내가 너랑 손을 잡으면, 너도 나랑 손을 잡는다."

테트라 선배님! 여기 계셨네요!

나 아, 테트라(어?).

이곳은 고등학교 옥상이다. 지금은 점심시간이다. 빵을 먹고 있는데 후배인 테트라가 내 옆에 앉았다.

나 음, 테트라. 혹시 날 찾아온 거니(얼마 전에 비슷한 상황이 있었던 거 같은데….)?

테트라 아, 그건 아닌데…. 문득 옥상에 가고 싶단 생각이 들어서 와봤어요.

'문득, 옥상이라….' 그런 생각을 하면서 빵을 한입 물었다.

나 전에도 이렇게 옥상에서 수다를 떨었었지?

테트라 아, 네. 그랬죠.

나 이상하게 맨날 수학 얘기만 하게 되지만.

테트라 수학은 너무 재밌어요! 원순열이랑 염주순열 얘기는 정말 도움이 많이 되었어요. 그 뒤로 생각을 좀 해봤는데, 제 얘기 좀 들어주실래요?

나 물론이지. 해봐.

4-2 또다시 중국요리 식당 문제

테트라 원순열 땐 중국요리 식당 문제부터 이야기했잖아요.

나 아, 뭐였지. 레이디 수전이었나?

테트라 '레이지 수전'을 놓은 원탁이었죠. 그땐 멀리 떨어져 앉은 사람과 대화하기 위해 자리를 바꿔 앉을 때, 사람들이 의자에 둘러앉는 경우의 수를 생각했어요.

나 응, 그랬었지.

테트라 근데 새로운 문제가 생각났어요. 앉고 나서 자리를 움직이는 건 조금 번거로우니까 일단 앉고 나면 더 이상 자리를 바꾸지 않는 거죠.

나 응.

테트라 그렇게 모든 사람이 '반드시 누군가와 악수한다'면 그 경우의 수가 몇 가지 있을까 궁금해졌어요.

나 모든 사람이 반드시 누군가와 악수한다?

테트라 네. 홀로 남겨지는 사람이 생기면 안 되고, 물론 3명이 동시에 악수하는 것도 안 돼요.

테트라는 노트를 꺼내어 설명을 시작했다.

●●● **문제 1 (6명의 악수 문제)**

6명이 원탁에 나란히 앉아 있다. 모두가 '반드시 누군가와 악수할 때' 경우의 수를 구하시오.

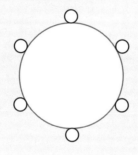

나 그렇군.

테트라 아! 선배님! 아직 정답 말하지 마세요!

나 아, 나도 아직 잘 모르니까 걱정하지 마. 테트라는 생각 좀 해봤어?

테트라 네. 그래도 6명의 악수 문제는 금방 풀었는데…. 저기, 선배님. 제 풀이 좀 들어보실래요?

나 그래. 테트라가 설명해줘. 오늘의 일일 수학 선생님 테트라!

테트라 아…. 네!

4-3 테트라의 풀이 과정

나 테트라 선생님, 설명 시작해주세요.

테트라 놀리지 마세요…. 일단 6명에게 이름을 붙였어요. A, B, C, D, E, F 이렇게요.

나 그래. '이름 붙여보자'네.

테트라 맞아요. 이름을 붙이고, A가 오른쪽의 B와 악수하고, C 는 D와, 그리고 E는 F와 악수해요. 이게 악수하는 방법 ① 이에요. 굵은 선은 악수를 나타내요.

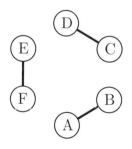

6명이 《악수하는 방법》 ①

나 잠깐만. 밑에서부터 A, B, C, D, E, F로 이름을 붙인 이유
는 뭐야?

테트라 처음엔 위에서부터 시계 방향으로 A, B, C, …라고 썼
는데, A가 '오른쪽과 악수'한다고 할 때 어느 쪽이 오른쪽인
지 헷갈리기 시작해서 A를 아래에다 쓴 거예요.

나 아, 그러네. 다음은?

테트라 다음엔 A가 왼쪽의 F랑 악수하는 경우를 생각했어요.
그리고 차례대로 E는 D와, C는 B와 악수하면 악수하는 방
법 ②가 완성돼요.

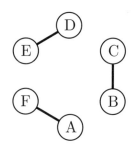

6명이 《악수하는 방법》 ②

나 아까랑 방향이 반대네.

테트라 네. 그리고 A가 마주 보는 D랑 악수하는 경우도 있어
요. 남은 사람도 각각 마주 보는 사람과 악수하면 이게 악수
하는 방법 ③이 돼요.

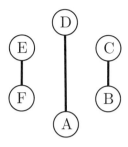

6명이 《악수하는 방법》 ③

나 아. 그러니까 테트라는 A가 누구랑 악수할지를 생각하고 경우의 수를 분류했구나.

테트라 네! 맞아요. 그리고 당연한 얘기지만, A는 C와는 악수할 수 없어요. 왜냐면 B가 홀로 남겨지기 때문이죠.

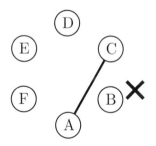

B가 홀로 남겨진다.

나 홀로 남겨진다라…. 그렇군. 악수하는 사람이 교차하면 안 되는 거네.

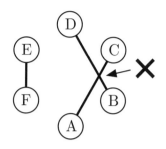

악수하는 사람이 교차해서는 안 된다.

테트라 네, 맞아요. 그렇게 생각했어요.

나 그렇다면 테트라의 문제에는 '조건이 보충'되어야 할 것 같아. 즉 악수하는 사람이 교차해서는 안 된다는 조건 말이야.

●●● **문제 1 (6명의 악수 문제) [조건을 보충]**

6명이 원탁에 나란히 앉아 있다. 모두가 반드시 누군가와 악수할 때 경우의 수를 구하시오. '단, 악수하는 사람은 교차하지 않는 것으로 한다.'

테트라 그렇네요. 머릿속으로는 이 조건을 생각하면서 풀긴 했지만, '반드시 누군가와 악수할 때'라는 말만 써놓으니 명확하지가 않아요.

나 맞아.

테트라 어쨌든 이렇게 생각하고 풀었더니 악수하는 방법 5가지를 찾아냈어요. 보세요.

해답 1 (6명의 악수 문제)

6명의 악수하는 방법은 다음 5가지다.

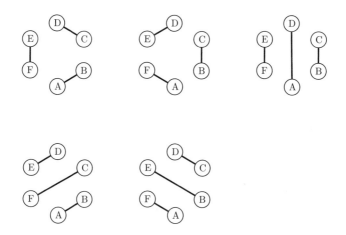

나 그렇군. 잘 푼 것 같은데?

테트라 네⋯. 그래서 말인데요. 이제부터 n명의 경우의 수를 유도해보려고요.

나 **변수 도입에 따른 일반화**구나. 6에서 n으로!

테트라 네! 맞아요!

나 근데 그 전에, 아까 5가지 방법 중에서 궁금한 게 있는데. 테트라는 이런 식으로 A가 누군가와 악수하는 경우를 분류한 거지?

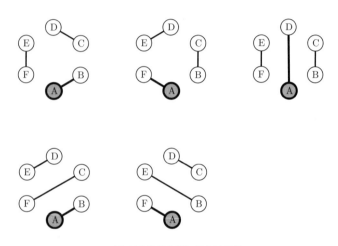

A가 누군가와 악수하는 경우를 분류

테트라 네. 맞아요.

나 그럼 악수하는 방법은 A가 악수하는 상대방의 위치에 따라서 '오른쪽', '앞', '왼쪽'으로 분류할 수 있겠다.

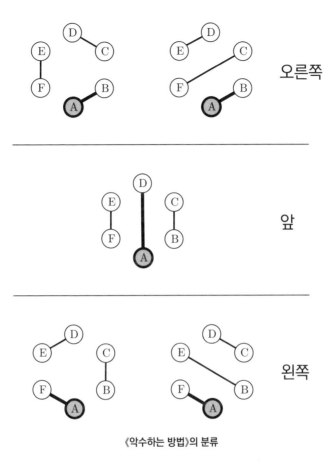

오른쪽

앞

왼쪽

《악수하는 방법》의 분류

테트라 맞아요. 그렇게 생각하긴 했는데, 그리면서 설명하다 보니 까먹어버렸네요….

나 아, 물론 테트라가 틀린 건 아니야. 하지만 결과를 내는 것도 중요하지만 **결과를 재검토하는 것도** 그에 못지않게 중요하거든. 경우의 수도 **빠짐없이 겹치지 않게** 잘 분류했으니 말이야.

테트라 무슨 얘기인지 알겠어요! 그래서 저는 인원수를 n명으로 해서 이런 문제를 만들어봤어요.

●●● **문제 2 (n명의 악수 문제)**

'n명'이 원탁에 둘러앉아 있다. 모두가 반드시 누군가와 악수할 때 경우의 수를 구하시오. 단, 악수하는 사람은 교차하지 않는 것으로 한다.

나 그래···. 잘 만들었네. 훌륭한 일반화 문제야. 그런데 '변수 도입에 따른 일반화'를 할 때는 하나 주의해야 할 점이 있어.

테트라 주의요?

나 변수의 조건을 명확하게 적어놓아야 한다는 거야. 예를 들면 여기에 나온 n은 짝수겠지?

테트라 아! 그렇죠. 홀수이면 혼자 남는 사람이 생기니까 변수 조건을 명확하게 해야겠네요. 또 실수를! '조건을 까먹은 테트라'라서 죄송해요.

나 아니, 완전히 틀린 건 아니야. 왜냐면 n이 홀수면 악수하는 방법은 0가지로 생각할 수 있으니까. 단지, 혹시 테트라가 이 문제를 만들 때 변수를 짝수로 생각했는지가 궁금했을 뿐이야.

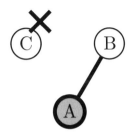

혼자서는 악수할 수 없다.

테트라 짝수로 생각했었어요.

나 그럼 다시 $2n$명의 악수 문제로 만들어볼까?

테트라 아! $2n$명으로 하면 반드시 짝수가 되겠네요.

●●● 문제 2 ($2n$명의 악수 문제) [변수 조건을 명확하게 함]

'$2n$명'이 원탁에 둘러앉아 있다. 모두가 반드시 누군가와 악수할 때 경우의 수를 구하시오. 단, 악수하는 사람은 교차하지 않는 것으로 한다.

테트라 일반화 문제를 만드는 건 참 어렵네요…. 아, 그래서 저는 2명의 경우부터 생각해봤어요.

나 **작은 수부터 시도하기**를 했구나.

테트라 맞아요!

나 테트라는 문제를 정석대로 푸는 것 같아.

- 이름 붙여보기
- 변수 도입에 따른 일반화
- 결과를 재검토하기
- 빠짐없이 겹치지 않게
- 작은 수로 시도하기

테트라 근데 이거 전부 다 선배님과 미르카 선배님한테 배운 것들이에요.

나 아, 그래도 대단해.

테트라 칭찬해주시니 뿌듯하네요. 선배님한테는 늘 배우기만 해서 진짜 감사한 마음이에요.

테트라가 나에게 꾸벅 인사했다.

나 그럼 둘이서 악수하는 데서부터 시작해볼까?

테트라 아, 그래 주시면 너무 기쁘죠!

볼이 불그스레해진 테트라가 나에게 오른손을 쭉 내밀었다.

나 응?

테트라 아?

나 지금 우리가 악수하자는 얘기가 아니고, '2명의 악수 문제'
부터 생각해보자는 뜻이었는데….

테트라 네? 아, 그런 의미였다니!

테트라는 두 손으로 얼굴을 가렸다. 귀까지 빨개졌다.

나 근데 나도 테트라랑 얘기하면서 공부가 많이 돼. 나야말로
고마워, 테트라.

테트라의 손을 잡았다. 악수하는 방법은 1가지다.

테트라 그, 그래서 악수하는 사람이 2명인 경우 악수하는 방법
은 부, 분명히 1가지예요.

나 문제에서는 '$2n$명'이라고 했으니까 '$n=1$일 때 경우의 수는
1가지'라고 말할 수 있겠지.

테트라 맞아요.

$n=1$일 때 경우의 수는 1가지

나 $n=2$일 때는….

테트라 $n=2$일 때 악수하는 방법은 2가지가 돼요. 악수하는 사
람이 교차할 수 없으니까요.

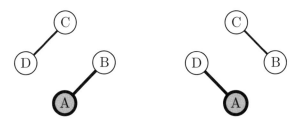

$n = 2$일 때 경우의 수는 2가지

나 $n = 3$일 때는 아까 했지? $3n$은 6이니까.

데트라 네. 6명일 때 악수하는 방법은 5가지예요.

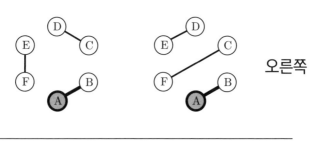

오른쪽

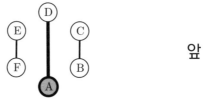

앞

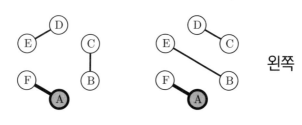

왼쪽

$n = 3$일 때 경우의 수는 5가지

나 테트라는 이런 식으로 '작은 수로 시도하기'를 했구나. $n =$ 1, 2, 3일 때는 각각 1가지, 2가지, 5가지의 악수하는 방법이 나오네.

테트라 네. 작은 수는 괜찮은데, 8명이 되니까 너무 복잡해지는 거 있죠? 아직 푸는 중인데 그려보면요….

나 8명이면 $n = 4$겠네.

테트라 아까처럼 A를 기준으로 차례차례 배열해볼게요.

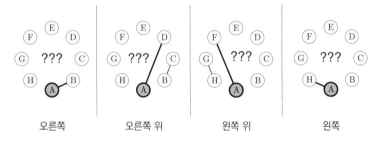

$n = 4$일 때

나 위치에 따라 분류했구나.

테트라 네, 글로 써볼게요.

- A와 B가 악수한 경우 (오른쪽)
- A와 D가 악수한 경우 (오른쪽 위)
- A와 F가 악수한 경우 (왼쪽 위)
- A와 H가 악수한 경우 (왼쪽)

'오른쪽 위'는 A와 D가 악수하는 경우예요. A와 D가 악수하면 B와 C는 반드시 악수해야 하고, '왼쪽 위'인 A와 F가 악수해도 G와 H는 반드시 악수해야 해서 먼저 선을 그렸어요. 그리고 마주 보는 A와 E는 악수할 수가 없어요. 그렇게 되면 나머지 악수하는 사람이 교차하니까요.

나 그렇군. '빠짐없이 겹치지 않게' 모든 경우를 잘 분류해 놓았네. 어라?

테트라 네? 뭐 잘못됐나요?

나 아니, 힌트를 얻은 것 같아서.

테트라 힌트요?

나 예를 들면 '오른쪽'의 경우 A랑 B는 악수하고 있고 나머지는 C, D, E, F, G, H의 6명이잖아.

테트라 그렇죠.

나 그렇다면 'A와 B가 악수한 경우의 수'라는 건 곧 '6명이 악수하는 방법'과 같지 않을까? A, B를 제외한 6명이 악수하는 방법을 생각하면 되니까.

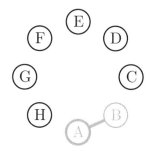

A, B를 제외한 6명이 악수하는 방법을 생각하면 된다.

테트라 그러네요! 6명이니까, 하나, 둘…. 아, 5가지였죠!

나 그렇지. 그렇다는 건 'A와 H가 악수한' 경우도 5가지가 되는 거지. B, C, D, E, F, G의 6명으로 생각하면 되니까.

테트라 맞아요! '오른쪽 위'이랑 '왼쪽 위'는 4명이 악수하는 방법과 마찬가지니까, 2가지씩이겠네요. 다시 정리하면 $n = 4$ 일 때, 즉 8명이 악수하는 방법은….

- A와 B가 악수한 경우 6명이 남으므로 5가지
- A와 D가 악수한 경우 4명이 남으므로 2가지
- A와 F가 악수한 경우 4명이 남으므로 2가지
- A와 H가 악수한 경우 6명이 남으므로 5가지

나 그러면 결과적으로….

테트라 결과적으로 모두 합해서 5 + 2 + 2 + 5 = 14예요!

나 $n = 4$일 때는 14가지라는 걸 알아냈네!

테트라 지금 다시 정리해서 그려볼게요!

나 잠깐만. 지금 엄청난 사실을 발견했어. 테트라는 '$2n$명의 악수 문제'를 풀려고 하는 거잖아. 그렇다면 이런 식으로 그림을 그려보는 건 어떨까.

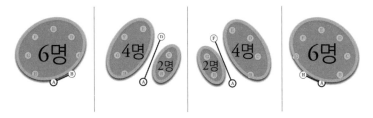

8명의 악수 문제 생각하기

테트라 이 커다란 ⬭동그라미는 뭐예요?

나 이 동그라미는 그 속에 들어 있는 '또 다른 악수 문제'를 나타낸 거야. 즉 **A가 악수하는 사람을 기준으로 악수 문제를 분할한 거지!**

테트라 네?

나 테트라가 A가 악수하는 사람을 기준으로 해서 분류하는 걸 보면서 발견했는데, 이 기준이 꼭 **경계선**처럼 작용하면서 또 다른 악수 문제를 만들어내고 있단 말이지…. 앗, 그래! 0명이 악수하는 문제도 넣어야겠다!

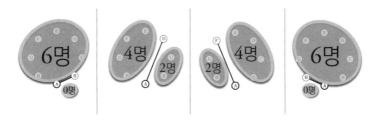

8명의 악수 문제 생각하기 (0명을 넣는다)

테트라 0명이 악수하는 문제요?

나 응. 그러면 8명의 악수 문제를 4그룹의 '또 다른 악수 문제'로 쪼갤 수 있어.

   6명과 0명   4명과 2명   2명과 4명   0명과 6명

이라는 4그룹으로 말이야!

테트라 그러네요….

나 우린 $n = 1, 2, 3, \cdots$으로 생각하려고 했지만, $n = 0$일 때도 포함해서 생각하는 게 나을 것 같아.

테트라 그렇다면 $2n = 0$일 때 악수하는 방법은 1가지가 되나요?

나 맞아. 그렇게 생각해야 **일관성**이 생겨. 다시 말하면 '세기 어려운' 악수하는 방법 문제를 '세기 쉬운' 악수하는 방법 문제로 **변환**할 수 있는 거지!

테트라 세기 쉽게 변환….

4-5 수열을 생각하다

나 테트라, 우리가 지금 풀고 있는 '악수하는 방법'의 수에 a_n이라고 **이름을 붙여보자.** 그러면 $a_0, a_1, a_2, a_3, \cdots$이라는 수열로 생각할 수 있겠지. 그럼 지금까지 우리가 알아낸 것들을 표로 정리해보자.

악수의 수열 $\{a_n\}$

$2n$명이 악수하는 방법의 수를 a_n으로 나타낸다.

n	0	1	2	3	4	$\cdots$
사람 수 $2n$	0	2	4	6	8	$\cdots$
a_n	1	1	2	5	14	$\cdots$

테트라 표로 정리하면 보기 편해서 좋아요.

나 혹시 모르니까 그림으로도 그려보자.

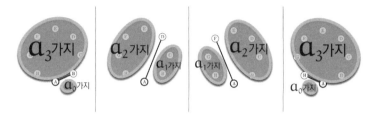

n = 4의 악수 문제 생각하기 (a_n 그리기)

테트라 선배님…. 저, 좀 헷갈리기 시작했는데요. a_3가지, a_2가지, a_1가지, a_0가지라는 건 각각 6명, 4명, 2명, 0명의 악수하는 방법의 수를 말하는 거 맞죠?

나 그렇지. 잘 따라오고 있네.

테트라 이 그림을 그린다고 해서 *n* = 4일 때 악수하는 방법이 14가지인 게 변하는 건 아니잖아요.

나 당연하지. 14가지라는 사실에는 변함이 없어.

테트라 그러면 왜 이 그림을 그리는 건지 궁금해요.

나 아까 내가 변환이라는 말을 했지? 그것 때문이야. 이 그림을 보면 *n* = 4일 때 악수하는 방법을 a_0, a_1, a_2, a_3으로 나타낼 수 있다는 걸 알 수 있어.

테트라 아직 잘 모르겠어요….

나 구체적으로 말하면 이런 얘기야.

$$a_4 = a_3a_0 + a_2a_1 + a_1a_2 + a_0a_3$$

테트라 그럼…. 이건 a_4를 구하려면 4그룹의 수를 더하면 된다는 뜻인가요?

나 맞아. 그리고 더하는 각 항은 경계선의 좌우를 곱해서 구한 거야. 예를 들어서 a_2a_1을 생각해보자.

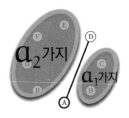

《경계선》의 좌우에서 악수가 이루어진다.

나 a_2a_1은 경계선의 좌우를 곱한 거야.

- a_2가지는 왼쪽에 있는 4명의 악수하는 방법의 수
- a_1가지는 오른쪽에 있는 2명의 악수하는 방법의 수

왼쪽 a_2가지의 각 방법에 대해 오른쪽에는 a_1가지의 방법이 있어. 그래서 a_2a_1로 곱한 거야. 그러면 A와 D가 악수하

212

는 경우의 악수하는 방법을 구할 수 있지! $n = 0$일 때 악수하는 방법, $a_0 = 1$이 맞는 것도 확인할 수 있어.

테트라 그렇군요! 곰곰이 따져보니까 당연한 얘기네요. 이상하게 문자를 쓰면 어려워 보인단 말이죠.

나 다시 한번 a_4를 식으로 나타내볼까?

$$a_4 = a_3 a_0 + a_2 a_1 + a_1 a_2 + a_0 a_3$$

테트라 이제 이해가 되네요!

나 이걸로 우리는 수열 $\{a_n\}$의 **점화식**을 구했다고 말할 수 있어!

테트라 수열 $\{a_n\}$의 점화식이요?

나 자. 지금은 $n = 4$로 생각했지만 테트라가 생각한 경계선은 더 큰 수 n에서도 성립해. 항상 왼쪽과 오른쪽으로 나눌 수 있으니까.

테트라 아, 그렇죠….

나 그래서 일반적으로 이런 식을 쓸 수 있어.

$$a_n = a_{n-1} a_0 + a_{n-2} a_1 + \cdots + a_1 a_{n-2} + a_0 a_{n-1}$$

테트라 자, 잠깐만요….

나 당황하지 말고 식을 자세히 봐봐.

$$a_n = \underbrace{a_{n-1}a_0}_{n-1과\ 0} + \underbrace{a_{n-2}a_1}_{n-2과\ 1} + \cdots + \underbrace{a_1 a_{n-2}}_{1과\ n-2} + \underbrace{a_0 a_{n-1}}_{0과\ n-1}$$

좌변의 식이 하나씩 증가하는 게 보이니?

$$a_{n-k}a_{k-1}$$

따라서 우변은 이 항들을 더한 점화식으로 쓸 수 있지.

테트라 저…. 이 k라는 문자는 뭐예요?

나 아, 이거? k를 1부터 n까지 움직여서 $a_{n-k}a_{k-1}$를 다 더하는 거야. 그러면 합을 나타내는 $\sum$(시그마)를 써서 식을 쓸 수 있어! 이게 바로 수열 $\{a_n\}$의 점화식이고…, 앗!

수열 $\{a_n\}$을 만족하는 점화식

$$\begin{cases} a_0 = 1 \\ a_n = \displaystyle\sum_{k=1}^{n} a_{n-k}a_{k-1} \quad (n = 1, 2, \cdots) \end{cases}$$

테트라 서, 선배님?

나 테트라! 이건 **카탈란 수** C_n이잖아!

테트라 카탈란 수요?

나 왜 이걸 지금에야 알아차렸을까? 있잖아, 테트라가 생각한 악수 문제의 수열 $\{a_n\}$의 점화식은 카탈란 수의 $\{C_n\}$ 점화식이랑 똑같아.

테트라 선배님이 아는 거예요?

나 응. 이 점화식이 눈에 익어. 하지만 일반항까지는 생각이 안 나네. 뭐였지….

테트라 방금 전의 점화식으로는 안 돼요?

나 응. 악수하는 방법을 나타내는 수열 $\{a_n\}$의 점화식은 알아 냈지만, 그 일반항 a_n을, n을 사용한 '닫힌 식'으로 표현하고 싶거든.

테트라 닫힌 식?

나 봐봐. 점화식에서는 $a_n = \cdots$ 의 우변에 a_{n-k}나 a_{k-1} 등이 나오잖아. 즉 수열의 어떤 항을 다른 항으로 나타낸 거지. 하지만 우린 a_n을 직접 n으로 나타내 일반항을 구하고 싶은 거야.

테트라 일반항을 그 닫힌 식으로 구하는 게 중요한가요?

나 그렇지. 될 수 있으면 닫힌 식으로 구하는 게 좋아. 왜냐면 점화식으로는 a_0부터 a_1, a_2, $\cdots$ 라는 식으로 차례로 계산해야지만 a_n을 구할 수 있으니까.

테트라 그렇긴 하죠. 저라면 그냥 무턱대고 '차례로 계산하면 되지!'라고 생각하겠지만요….

나 하하. n이 작을 땐 상관없지만, n이 커지면 답을 구하기가 어렵지. 그래서 닫힌 식으로 a_n을 나타낼 수 있느냐 없느냐 는 중요한 문제야. 아, 생각났다. 카탈란 수 중에는 이런 문 제가 있었어.

●●● **문제 3 (경로 문제)**

다음 그림처럼 위아래로 꺾이는 산길을 통과해서 S에서 G 까지 간다고 할 때, 경로는 모두 몇 가지인지 구하시오.

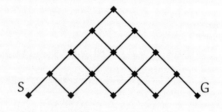

테트라 네? 이게 카탈란 수가 돼요?

나 응, 맞아. 이 그림은 $n = 4$일 때인데 14가지의 경로가 있을 거야. 한번 그려볼까?

다음의 14가지 경로가 있다.

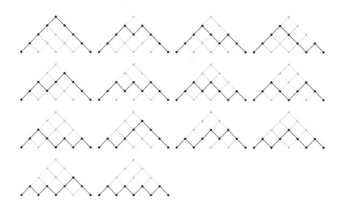

테트라 근데 이 경로 문제는 악수 문제랑 전혀 다른 거 같은데
     요….

나 그렇긴 한데, 악수 문제의 점화식은 분명 카탈란 수의 점화
    식이고, 이 경로 문제의 정답이 카탈란 수가 되는 것도 사
    실이거든.

테트라 그런가요….

나 그러니까 분명 두 문제 사이에 **연관 관계**가 있을 거야. 즉 테
    트라의 악수 문제와 이 경로 문제는 서로 대응할 수도 있다

는 거지. 더 구체적으로 말하면 악수 문제의 악수를 변형해
서 경로 문제의 경로를 만들 수 있을 거라고…. 아, 가능해.
할 수 있어, 응.

테트라 네, 네?

나 제일 간단한 악수로 생각해보자. A가 B와, C가 D와 악수한
다는 건 이런 경로로 바꿀 수 있지 않을까?

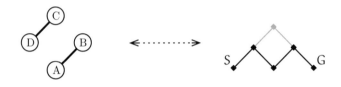

테트라 어떻게요?

나 잠깐만…. 아, 알았다. 봐봐, 악수하고 있는 A, B, C, D를
한 줄로 세워보자. 그러면 이런 연결이 되겠지. 봐, 비슷해
졌지?

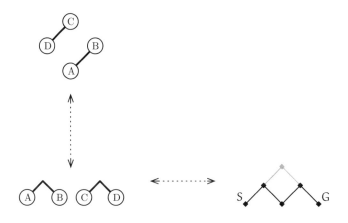

테트라 하지만…. 이렇게 악수할 수도 있어요, 선배님.

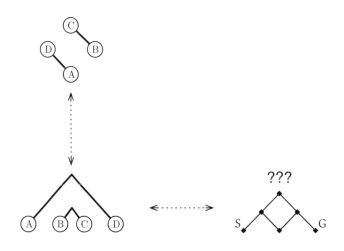

나 음…. 대응이 될 것 같은데, 아니었나?

테트라 악수는 대등하지만 경로는 위아래로 꺾이니까요.

나 대등하지는 않지! 왜냐면 한 줄로 배열했으니까.

테트라 네?

나 악수하는 사람을 한 줄로 배열해 놓고 생각해보자. 그럼 악
수하는 사람은 오른쪽에 있는 사람이랑 악수하거나 아니면
왼쪽에 있는 사람이랑 악수하거나 둘 중에 하나겠지! 그러면

- '오른쪽과 악수하는 사람'은 ↗
- '왼쪽과 악수하는 사람'은 ↘

이렇게 바꿔 쓸 수 있어!

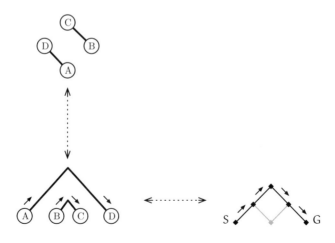

테트라 A, B, C, D를 ↗ ↗ ↘ ↘로 바꿔 쓴다구요?

나 그렇지. 이러면 악수 문제와 경로 문제를 서로 대응할 수 있어. $n = 4$일 때 A와 F가 악수한 경우를 경로로 변형해보자.

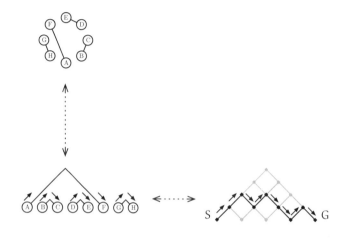

테트라 재미있네요! 이건 ↗ ↗ ↘ ↗ ↘ ↘ ↗ ↘의 배열이네요! 어라, 하지만 결국 아직 일반항은 못 구한 것 같아요.

나 아니, 그건 문제없어. 미르카에게 들었던 '반사시켜서 세는 방법'이 조금씩 생각나기 시작했거든 '이러면 어떨까'라고 생각한 다음, 땅속으로 파고들어 가보는 거야. 예를 들면 이런 식이지.

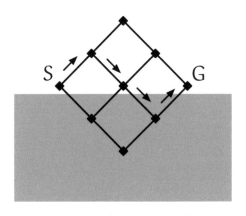

땅속으로 파고들어 가는 경로를 허용

테트라 이걸로 경로를 찾는다고요?

나 그렇지. 이 그림에서는 ↗↘↘↗라는 경로를 그렸어. 이런 식으로 땅속을 파고들어 가는 경로를 허용한다고 하면 2개의 ↗와 2개의 ↘ 모두 4개의 화살표를 배열하는 것과 같아지지. 경우의 수는 '4개 중 어느 2개를 ↘로 할 것인가'를 생각하면 되니까, 4개 중에서 2개를 선택하는 조합과 같아. 즉 $\binom{4}{2}$가지야.

테트라 선배님. 잠시, 잠시만요. 이건 너무 많아요! 원래는 땅속을 파고들어 가면 안 되는 거잖아요. 이러면 경로를 너무 많이 세게 돼요.

나 응. 그래서 뺄 필요가 있지. 땅속을 파고들어 가는 경로를 세어서 빼야 해. 땅속을 파고드는 경우를 세어보면….

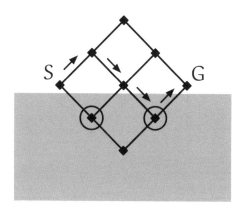

땅속을 파고들어 가는 경로는 반드시 ○를 통과

나 S에서 G로 가는 경로 중에서 땅속을 파고들어 가는 경로는 반드시 이 ○ 표시한 곳의 하나를 통과해. ○를 맨 처음 통과하고 나서부터는 ↗와 ↘를 반대로 뒤집어. 꼭 거울에 반사된 것처럼 말이지.

테트라 반사하면…. 세기가 쉬워지나요?

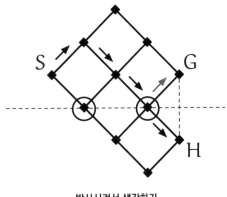

반사시켜서 생각하기

나 땅속을 파고들어서 G에 도착하는 경로는 반사로 인해 H에
　도착하는 경로가 되지? 바꿔 말하면 땅속을 파고들어 가서
　G에 도착하는 경로의 수는 H에 도착하는 경로의 수가 돼.

테트라 엄청 기발한데요.

나 S에서 G로 가는 방법의 수는 4개의 화살 중 어느 2개를 ↘
　로 할 것인가의 $\binom{4}{2}$ 가지야. 그리고 S에서 H로 가는 방법의
　수는 4개의 화살 중 어느 3개를 ↘로 할 것인가의 $\binom{4}{3}$ 가지
　야. $\binom{4}{3}$은 ↘가 하나 늘었기 때문에 $\binom{4}{2+1}$에서 비롯된 거고.
　나머지는 모든 경로의 수에서 땅속을 파고들어 가는 경로의
　수를 빼주면 돼.

$$\underbrace{\binom{4}{2}}_{\text{모든 경로의 수}} \quad - \quad \underbrace{\binom{4}{2+1}}_{\substack{\text{땅속을 파고들어 가는} \\ \text{경로의 수}}}$$

테트라 와!

나 이제 이걸 일반화해보자. S에서 G로 가는 건 $\binom{2n}{n}$가지이고, S에서 H로 가는 건 $\binom{2n}{n+1}$가지니까….

$$\underbrace{\binom{2n}{n}}_{\text{모든 경로의 수}} \quad - \quad \underbrace{\binom{2n}{n+1}}_{\substack{\text{땅속을 파고들어 가는} \\ \text{경로의 수}}}$$

나 이제 다 구했다. 그러니까 경로 문제의 일반항이자 카탈란 수의 일반항 C_n은 바로 이거야!

카탈란 수의 일반항 C_n

$$\begin{cases} C_0 = 1 \\ C_n = \binom{2n}{n} - \binom{2n}{n+1} \end{cases} \quad (n = 1, 2, 3, \cdots)$$

테트라 저기….

나 한번 검산해보자. $n = 1, 2, 3, 4$에 대해서 C_n은 틀림없이 각각 1, 2, 5, 14가 될 거야.

테트라 잠깐만요. 설명이 너무 빨라서요…. 일단 정리 좀 할게요.

- 우리는 지금 악수 문제인 a_n에 대해 생각하고 있다.
- A가 누구와 악수하느냐에 따라 '경계선'으로 나누어서 a_n의 점화식을 알아냈다.
- 점화식을 만들 때 $a_0 = 1$로 정했다.
- 선배님은 이 점화식이 카탈란 수 C_n의 점화식과 같다는 것을 알아차렸다.
- 경로 문제를 사용하여 악수 문제를 경로 문제로 변형할 수 있다는 사실을 확인했다.
- 역으로 경로 문제를 악수 문제로 변형할 수도 있다.
- 따라서 악수하는 방법의 수 a_n은 경로의 수 C_n과 같아진다.
- 그리고 경로의 수를 반사시켜 생각하는 방법을 사용해서 구했다.
- 따라서 최종적으로 악수하는 방법도 구할 수 있었다.

나 늘 느끼는 건데 테트라는 정리를 참 잘한단 말이야.

테트라 아, 아니에요. 정리를 안 하면 금방 헤매거든요….

나 그럼 계산해보자. $\binom{2n}{n} - \binom{2n}{n+1}$에 $n = 1, 2, 3, 4$를 대입해 보자. 먼저 C_1부터.

$$
\begin{aligned}
C_1 &= \binom{2n}{n} - \binom{2n}{n+1} & \text{앞서 구한 식에} \\
&= \binom{2 \times 1}{1} - \binom{2 \times 1}{1+1} & n = 1\text{을 대입한다.} \\
&= \binom{2}{1} - \binom{2}{2} \\
&= \frac{2}{1} - \frac{2 \times 1}{2 \times 1} & \text{계산한다.} \\
&= 2 - 1 \\
&= 1
\end{aligned}
$$

테트라 $C_1 = 1$로 나왔네요. $a_1 = 1$과 같아요.

나 응, 좋아. 그럼 이번엔 C_2 차례야.

$$C_2 = \binom{2n}{n} - \binom{2n}{n+1} \qquad \text{앞서 구한 식에}$$

$$= \binom{2 \times 2}{2} - \binom{2 \times 2}{2+1} \qquad n = 2\text{을 대입한다.}$$

$$= \binom{4}{2} - \binom{4}{3}$$

$$= \frac{4 \times 3}{2 \times 1} - \frac{4 \times 3 \times 2}{3 \times 2 \times 1} \qquad \text{계산한다.}$$

$$= 6 - 4$$

$$= 2$$

테트라 $C_2 = 2$로 확실하게 $a_2 = 2$와 같아요.

나 지금 방금 알았는데, $\binom{2n}{n+1}$은 $\binom{2n}{n-1}$로 계산하는 게 더 편하겠다. 이번엔 C_3야.

$$C_3 = \binom{2n}{n} - \binom{2n}{n+1} \qquad \text{앞서 구한 식에}$$

$$= \binom{2 \times 3}{3} - \binom{2 \times 3}{3+1} \qquad n = 3\text{을 대입한다.}$$

$$= \binom{6}{3} - \binom{6}{4}$$

$$= \binom{6}{3} - \binom{6}{2} \qquad \binom{6}{4}\text{과 } \binom{6}{2}\text{는 대칭이므로 같다.}$$

$$= \frac{6 \times 5 \times 4}{3 \times 2 \times 1} - \frac{6 \times 5}{2 \times 1} \qquad \text{계산한다.}$$

$$= 20 - 15$$

$$= 5$$

테트라 $C_3 = 5$니까…. 정확히 $a_3 = 5$와 같네요!

나 그리고 드디어 C4다.

$$C_4 = \binom{2n}{n} - \binom{2n}{n+1}$$ 앞서 구한 식에

$$= \binom{2 \times 4}{4} - \binom{2 \times 4}{4+1}$$ $n = 4$을 대입한다.

$$= \binom{8}{4} - \binom{8}{5}$$

$$= \binom{8}{4} - \binom{8}{3}$$ $\binom{8}{5}$과 $\binom{8}{3}$는 대칭이므로 같다.

$$= \frac{8 \times 7 \times 6 \times 5}{4 \times 3 \times 2 \times 1} - \frac{8 \times 7 \times 6}{3 \times 2 \times 1}$$ 계산한다.

$$= 70 - 56$$

$$= 14$$

테트라 확실히 $C_4 = 14$이고, $a_4 = 14$와 같아요!

나 아까 만든 수열 표에다가 추가해보자.

n	0	1	2	3	4	$\cdots$
사람 수 $2n$	0	2	4	6	8	$\cdots$
a_n	1	1	2	5	14	$\cdots$
C_n	1	1	2	5	14	$\cdots$

테트라 정말 a_n이랑 C_n은 완벽하게 같네요.

4-7 식을 정리하다

나 계산하다 보니까 생각났어. 지금 C_4를 계산하는 도중에

$$\frac{8 \times 7 \times 6 \times 5}{4 \times 3 \times 2 \times 1} - \frac{8 \times 7 \times 6}{3 \times 2 \times 1}$$

이런 식이 나왔잖아. 이 식을 그대로 통분해보자.

테트라 분모를 $4 \times 3 \times 2 \times 1$로 통일하자는 거죠?

$$
\begin{aligned}
C_4 &= \frac{8 \times 7 \times 6 \times 5}{4 \times 3 \times 2 \times 1} - \frac{8 \times 7 \times 6}{3 \times 2 \times 1} \\[2mm]
&= \frac{8 \times 7 \times 6 \times 5}{4 \times 3 \times 2 \times 1} - \frac{8 \times 7 \times 6}{3 \times 2 \times 1} \times \frac{4}{4} \qquad \text{통분한다.} \\[2mm]
&= \frac{8 \times 7 \times 6 \times 5}{4 \times 3 \times 2 \times 1} - \frac{(8 \times 7 \times 6) \times 4}{(3 \times 2 \times 1) \times 4} \\[2mm]
&= \frac{(8 \times 7 \times 6 \times 5)(8 \times 7 \times 6 \times 4)}{4 \times 3 \times 2 \times 1} \\[2mm]
&= \frac{(8 \times 7 \times 6)(5 - 4)}{4 \times 3 \times 2 \times 1} \qquad 8 \times 7 \times 6\text{으로 묶는다.} \\[2mm]
&= \frac{8 \times 7 \times 6}{4 \times 3 \times 2 \times 1} \qquad 5 - 4 = 1\text{이므로 없앤다.}
\end{aligned}
$$

230

나 그래그래. 아주 좋아. 그리고 이어서 이렇게 계산할 수 있 겠지.

$$C_4 = \frac{8 \times 7 \times 6}{4 \times 3 \times 2 \times 1}$$

$$= \frac{1}{5} \times \frac{8 \times 7 \times 6 \times 5}{4 \times 3 \times 2 \times 1}$$

$$= \frac{1}{5} \times \frac{(8 \times 7 \times 6 \times 5) \times (4 \times 3 \times 2 \times 1)}{(4 \times 3 \times 2 \times 1) \times (4 \times 3 \times 2 \times 1)}$$

$$= \frac{1}{5} \times \frac{8!}{4! \, 4!}$$

$$= \frac{1}{4+1} \binom{2 \times 4}{4}$$

테트라 지, 진짜네요.

나 그래. 이제 $n = 4$라는 걸 감안하면

$$C_n = \frac{1}{n+1} \binom{2n}{n}$$

이런 모양을 상상할 수 있지.

테트라 네? 저는 전혀 상상하지 못하겠는데요….

나 식이 어떻게 나왔는지 보여줄게. 지금 $n = 4$로 했던 걸 n으로 끈질기게 계산하면 가능해!

$$\binom{2n}{n} - \binom{2n}{n+1}$$

$$= \frac{(2n)!}{n!\,(2n-n)!} - \frac{(2n)!}{(n+1)!\,(2n-(n+1))!}$$

$$= \frac{(2n)!}{n!\,n!} - \frac{(2n)!}{(n+1)!\,(n-1)!}$$

$$= \frac{n+1}{n+1} \times \frac{(2n)!}{n!\,n!} - \frac{n}{n} \times \frac{(2n)!}{(n+1)!\,(n-1)!} \qquad \text{통분을 준비한다.}$$

$$= \frac{(n+1)(2n)!}{(n+1)n!\,n!} - \frac{n(2n)!}{n(n+1)!\,(n-1)!} \qquad \text{곱셈한다.}$$

$$= \frac{(n+1)(2n)!}{(n+1)!\,n!} - \frac{n(2n)!}{n(n+1)!\,(n-1)!} \qquad (n+1)n! = (n+1)! \text{ 이므로}$$

$$= \frac{(n+1)(2n)!}{(n+1)!\,n!} - \frac{n(2n)!}{(n+1)!\,n!} \qquad n(n-1)! = n! \text{ 이므로}$$

$$= \frac{(n+1)(2n)! - n(2n)!}{(n+1)!\,n!} \qquad \text{분수의 뺄셈}$$

$$= \frac{((n+1)-n)(2n)!}{(n+1)!\,n!} \qquad (2n)! \text{로 묶는다.}$$

$$= \frac{(2n)!}{(n+1)!\,n!} \qquad (n+1)-n = 1 \text{ 이므로}$$

$$= \frac{1}{n+1}\frac{(2n)!}{n!\,n!} \qquad (n+1)! = (n+1)n! \text{ 이므로}$$

$$= \frac{1}{n+1}\binom{2n}{n} \qquad \text{계산한다.}$$

테트라 선배님….

232

나 어때? 훨씬 간단해졌어! 아. 속 시원해!

●●● 해답 2 (2n명의 악수 문제)

2n명이 《악수하는 방법》의 수는 카탈란 수의 일반항

$$\frac{1}{n+1}\binom{2n}{n}$$

과 같다.

※ $n = 0$일 때는 $\binom{0}{0} = 1$을 사용한다.

테트라 선배님…. 근데 이건 너무 어려워요. 선배님 설명을 듣
고 있으면, '아, 그렇구나!' 하고 알겠는데, 저 혼자서는 도저
히 유도하지 못할 것 같아요.

나 그렇지. 아무것도 모르는 상태에서 이걸 전부 다 유도해내는
건 어려울 거야. 하지만 두 문제 사이의 '연관 관계'라는 사고
방식은 테트라에게 분명 도움이 될 거야.

테트라 맞아요…. 악수 문제랑 경로 문제는 완전 다른 문제라
고 생각했는데, 변형을 거치니 같은 결과가 나왔으니까요.

나 그렇지? 경우의 수를 세기 쉽게 문제를 다른 말로 바꾸거나
내가 아는 문제로 변환할 수 있는지 생각해보는 거야…. 다
만 문제의 구조가 바뀌지 않게 조심은 해야겠지만.

테트라 네…. '연관 관계', 잘 기억해둘게요.

오후 수업 시작을 알리는 종이 울렸다.
테트라와 함께하는 점심시간이 끝났다.

"네가 내 손을 놓아도 난 네 손을 놓지 않을 거야."

제4장의 문제

●●● 문제 4-1 (악수 문제)

본문(208쪽)에서 테트라가 그리려 한 8명이 악수하는 패턴 14가지를 모두 그려보시오.

(해답은 p.330)

●●● 문제 4-2 (S에서 G로 가는 길)

아래 그림처럼 4 × 4칸으로 된 길이 있다. 이 길을 따라 S에서 출발하여 최단거리로 G에 도착하는 경로의 수를 구하시오. 단, 개천에 물은 흐르지 않는다.

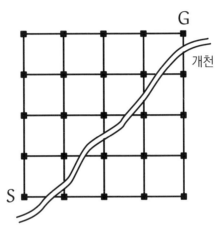

(해답은 p.332)

●●● 문제 4-3 (동전 배열)

동전을 일렬로 배열하고 그 위에 동전을 올려놓는 경우의 수를 생각해보자. 단, 올려놓는 동전은 첫 줄에 배열한 동전 중 적어도 2개와 접하도록 놓아야 한다. 예를 들어 첫 줄에 배열하는 동전이 3개일 때 그 위에 동전을 올려놓는 방법은 다음의 5가지이다.

첫 줄에 배열하는 동전이 4개일 때 그 위에 동전을 올려놓는 경우의 수는 몇 가지인지 구하시오.

(해답은 p.334)

●●● 문제 4-4 (찬성·반대)

다음의 조건을 만족하는 수의 그룹 $\langle b_1, b_2, \cdots, b_8 \rangle$은 모두 몇 개인지 구하시오.

$$\begin{cases} b_1 \geqq 0 \\ b_1 + b_2 \geqq 0 \\ b_1 + b_2 + b_3 \geqq 0 \\ b_1 + b_2 + b_3 + b_4 \geqq 0 \\ b_1 + b_2 + b_3 + b_4 + b_5 \geqq 0 \\ b_1 + b_2 + b_3 + b_4 + b_5 + b_6 \geqq 0 \\ b_1 + b_2 + b_3 + b_4 + b_5 + b_6 + b_7 \geqq 0 \\ b_1 + b_2 + b_3 + b_4 + b_5 + b_6 + b_7 + b_8 = 0 \quad \text{(등호)} \\ b_1, b_2, \cdots, b_8 은 \ 모두 \ 1 \ 또는 \ -1 \ 중 \ 하나 \end{cases}$$

(해답은 p.335)

●●● **문제 4-5 (반사시켜 세어보기)**

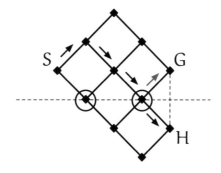

본문(223쪽)에서 '나'가 설명한 대로 반사시켜 세어보자.

'S에서 땅속을 파고들어 가 G에 도착하는 경로' 전부를 'S에서 출발하여 H에 도착하는 경로'로 변형해보시오.

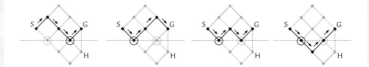

(해답은 p.337)

제5장

지도를 그리다

"지도를 그리기 위해 세계로 떠나자."

나 테트라!

테트라 선배님! 점심 드시게요?

나 응, 옆에 앉아도 될까?

테트라 그럼요.

이곳은 내가 다니는 고등학교 옥상이다. 지금은 점심시간이다. 빵을 먹으려고 올라갔더니 후배인 테트라가 앉아 노트를 보고 있었다. 나는 그녀 옆에 앉았다.

나 아, 혹시 나를 기다리고 있었니?

테트라 꼭 그런 것만은 아니고…. 날씨가 너무 좋아서 그냥 문 뜩 옥상에 올라가볼까 싶어서 왔어요.

'그냥 문뜩 옥상에 올라가볼까….' 나는 테트라의 말을 생각하며 빵을 한입 물었다.

나 그래서 오늘의 수학 문제는?

테트라 네?

나 테트라랑 옥상에서 얘기하면 항상 수학 이야기가 나오거든. 요즘 고민하고 있는 수학 문제는 없니?

테트라 음…. 특별히 고민하는 문제는 없는데요. '좀 신경이 쓰이는 문제'는 있어요.

나 수학 문제야?

테트라 네, 수학 같긴 한데 그게 좀 애매해서 말로 표현하기가 어렵네요.

나 '테트라가 말로 표현하기 어려운 문제'라니. 어떤 문제인지 궁금하네.

테트라 문제라고 하기도 좀 그런데요…. 제 얘기 좀 들어주실래요?

나 당연하지!

수학 같지만 애매해서 말로 표현하기 어려운 문제. 도대체 어떤 문제일까?

5-2 테트라의 이야기

테트라 예전에 선배님이 원순열에 대해 설명해주신 적 있었잖아요?

나 응, 있었지.

●●● **문제 1 (중국요리 식당 문제)**

의자 5개가 놓인 원탁에 5명이 둘러앉는다고 할 때, 의자에
앉는 경우의 수는 몇 가지인지 구하시오.

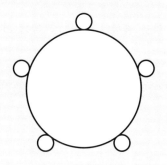

테트라 원순열의 문제를 순열의 문제로 **변환**해서 풀었었죠.

나 응. 어느 1명을 고정하면 $n-1$명을 한 줄로 배열하는 순열
문제가 되니까. n명이 원탁에 둘러앉는 방법의 수는 $(n-1)!$
가지가 됐지. n명의 원순열 문제를 $n-1$의 순열 문제로 변
환한 거였어.

테트라 바로 그 부분이에요. 그 **변환**이란 게 대체 뭐죠?

의자 5개가 놓인 원탁에 5명이 둘러앉는다고 할 때, 의자에 앉는 경우의 수는

$$4! = 4 \times 3 \times 2 \times 1 = 24$$

로 계산할 수 있다. 정답은 24가지다.

(1명을 고정하고 나머지 4명을 일렬로 배열하는 순열로 생각한다.)

나 뭐라니, 뭐가?

테트라 원순열이 아니라 순열로 변환해서 풀었잖아요. 선배님
의 얘기를 들으면서 풀 때는 '아!'하는 느낌이 있었어요. 게
다가 구체적인 예를 들어가면서 푸니까 확실히 이해도 됐죠.

나 응. 근데?

테트라 아직 '확실하게 안 것 같지가' 않아서요. 원순열 문제
자체는 '확실하게 안 것' 같아요. 실제로 문제도 다 풀 수 있
고, 남에게 설명할 수도 있거든요. 그런데 원순열 문제를 풀
때 사용했던 '변환'에 대해서는 아직 잘 모르는 것 같아요.

나 **어떤 문제를 다른 문제로 변환하는 것에 대해서 고민하고 있다**
는 것 같은데?

테트라 아무래도 그런 것 같죠?

나 아니, 나한테 물어보면….

테트라 말로는 표현을 잘 못하겠어요…. 머릿속에는 아직 변환
을 확실하게 아는 것 같지 않다는 느낌이 남아 있거든요. 누
군가가 '착각하지마. 넌 아직 잘 몰라, 테트라!'라고 말하는
것 같아요. 그래서 뭔가 찝찝한 느낌이죠….

나 '누군가가 말하는 것 같다.' 라….

나는 남은 빵을 마저 먹고는 잠시 생각에 빠졌다.

대체 누구한테 그런 말을 듣는 것 같다는 걸까?

테트라 죄, 죄송해요. 식사하시는데 괜히 어려운 이야기나 하고.

나 근데 되게 중요한 질문일 수도 있어. 변환이란 무엇인가.

5-3 폴리아의 질문

테트라 선배님이 예전에 말했던 폴리아의 질문 중에도 비슷한
얘기가 있었어요. '어떻게 문제를 풀 것인가'에 나오는 질문
'비슷한 문제를 알고 있는가'예요.

테트라가 손에 들고 있던 '비밀노트'를 넘기면서 말했다.

나 아, 그랬지.

테트라 '비슷한 문제를 알고 있는가'라는 질문에서, 원순열과
비슷한 순열을 떠올려서 순열 문제로 변환하기 때문에….

나 잠깐만. 테트라는 **무엇을 위해서 변환하는가**를 알고 싶은 거
니? 그거라면 내가 대답해줄 수 있을 것 같은데. 우린 어려
운 문제들을 만나곤 하지. 어떻게든 풀고 싶지만 어려워서

그대로는 풀 수가 없어. 그래서 그 어려운 문제와 비슷한 문제를 찾아 힌트를 얻어내려고 하는 거지. 즉 **문제를 쉽게 만들고 싶은 마음**, 그래서 변환하는 거야.

테트라 네. 저도 지금 선배님의 설명에 동의해요. 어려운 문제를 푸는 대신 쉬운 문제를 푼다. 무슨 말인지 알겠어요.

나 응. 근데?

테트라 근데 제가 알고 싶은 건 그것과는 좀 다른 얘기인 거 같아요. 이상하죠? 제 얘기인데 뭘 알고 싶은지 저 자신도 확실히 모른다니.

나 이상하지 않아. 그런 일이야 많으니까. 혹시 테트라가 알고 싶다는 게 **어떤 문제로 변환할지를 어떻게 찾아낼 것인가** 아닐까? 원순열에서 순열로 변환하는 방법을 찾아낸 것처럼 어떤 문제로 변환할지 찾아내려면 어떻게 해야 하는 건지, 그런 고민이 아닐까 싶은데.

테트라 잘 모르겠어요….

나 어려운 문제를 푸는 데 힌트가 될 수 있는 쉬운 문제를 찾아내는 방법, 그런 만능비법은 없는 것 같아. 그런 게 있다면 어떤 문제라도 쉽게 풀 수 있겠지.

테트라 네. 그렇긴 한데, 만능은 아니지만 폴리아의 질문을 잘만 활용하면 변환의 힌트를 쉽게 찾을 수 있을 것 같아요. '구하려는 것이 무엇인지', '주어진 조건은 무엇인지', '그림을 그려라', '이름을 붙여라'….

나 그렇지. 자문자답하는 것. 그러다 보면 아무리 혼자 생각하더라도 여러 명이 힘을 합친 것 같은 아이디어가 떠오르기도 해.

테트라 맞아요….

나 아, 테트라가 고민하는 게 혹시 이런 거 아닐까? 그러니까, '굉장히 어려운 문제'를 '어려운 문제'로 변환하고, '어려운 문제'를 '쉬운 문제'로 변환하고…. 이렇게 하는 건 좋은데, 그 쉬운 문제를 찾아내는 과정이 무한정 계속되면 어떡하지하는 고민 아니니?

테트라 아, 아니에요! 그런 복잡한 건 생각도 못 해요!

나 그렇다면 테트라가 걸리는 부분이란 게 대체 뭘까….

테트라 선배님…. 저의 쓸데없는 이야기를, 저도 제가 '알고 싶은 게 무엇인지' 모르는데 진지하게 같이 고민해주셔서 고맙습니다. 그리고 죄송해요.

테트라는 내 쪽으로 몸을 돌리고는 머리를 푹 숙이며 사과했나.

나 아니야, 미안해할 거 없어. 워낙 생각하는 걸 좋아하니까.

경우의 수에서는 흔히 다른 문제로 변환하는 경우, 즉 두 문제 사이의 **연관 관계**가 많아서 신경이 쓰일 수 있을 거야.

테르라 **연관 관계!** 뭔가 그 부분에서 자꾸 걸리는 거 같아요.

나 두 문제 사이의 '연관 관계'는 경로 문제를 풀 때도 나왔었지. 테트라는 원탁에 둘러앉은 사람들이 '악수하는 방법'을 세려고 했어. 하지만 악수 문제와 경로 문제 사이의 '연관 관계'를 찾았고, 이를 통해서 악수 문제를 경로 문제로 변환해 풀 수 있었지.

테트라 아! 저, 제가 뭘 고민했었는지 드디어 안 거 같아요!

테트라가 두 손을 마구 흔들며 말했다.

테트라 문제를 변환할 수 있으면 확실히 쉬운 문제가 되긴 해요. 하지만 두 문제 사이의 '연관 관계'를 찾는 것이 수학적으로 어떤 의미가 있는 걸까요? 변환을 잘 활용하면 분명 풀기가 쉬워지면서 감격할 때도 있어요. **그런데 이 변환이라는 게 수학적으로 무엇을 한다는 것인지….**

나 아, 그거였구나! 경우의 수를 기준으로 얘기하자면 **대응을 찾아내는 것**이라고 할 수 있을 것 같은데, 아마도.

테트라 대응! 아, 그래요! 맞아요, 맞다!

나 이 원순열에는 이 순열이 대응한다. 다른 원순열에는 다른 순열이 대응한다. 그런 식으로 '빠짐없이 겹치지 않게' 대응하는 관계를 찾아내는 거라 할 수 있겠지.

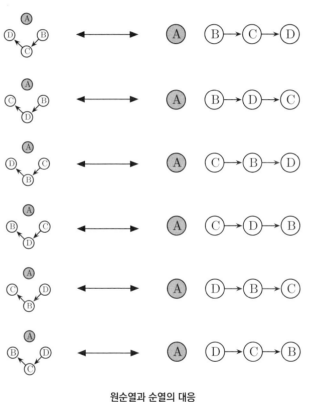

원순열과 순열의 대응

테트라 '빠짐없이 겹치지 않게'라는 건 잘 알겠어요.

나 응. 대응은 사상(寫像), 그리고 영어로는 **매핑**(mapping)이라
고 해.

테트라 mapping! '지도'네요!

나 지도?

테트라 네, 지도요. '지면'을 '도면'에다 mapping한 것이 map,
지도니까요. 아, 뭔지 알 것 같아요! 지구 전체를 직접 눈으
로 보기는 어렵지만, 지도로 보는 건 쉽잖아요. 그거랑 마
찬가지로 어려운 문제를 쉬운 문제로 대응해서, 그러니까
mapping해서 생각하는 거구나!

나 그러네. 그렇게도 생각할 수 있겠어!

5-4 대응을 찾아내다

테트라 뭔가 후련해졌어요. 다 선배님 덕분이에요. 제가 알고
싶었던 건 '대응'이었나 봐요.

나 '연관 관계'를 통해서 그런 대응을 찾아내는 건 흔하지. 혹
시 전단사(全單射, one-to-one)라고 들어봤니?

테트라 전단사요?

나 응. 일대일 대응이라고도 하지.

테트라 일대일 대응은 처음 들어봐요!

나 일대일 대응이란 쉽게 말하면 각각의 집합을 '빠짐없이 겹치지 않게' 대응시키는 걸 말하는데, 이걸 수학적 용어로 바꿔 말한 것뿐이야.

테트라 네….

나 먼저 집합 X에서 집합 Y로의 '겹치지 않는 사상'을 그림으로 나타내면 다음과 같아. 이건 **일대일 함수**라고 불리는 사상이야. 단사(單射)라고도 해.

X에서 Y로의 '일대일 함수' 예

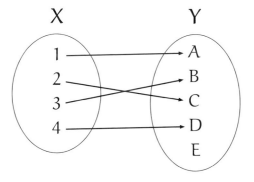

집합 Y의 E처럼 X에 대응되는 요소가 없어도 상관없으나 겹침이 있으면 안 된다.

테트라 '겹치지 않는 사상'이 일대일 함수….

나 그리고 '빠짐이 없는 사상'을 그림으로 나타내면 이렇게 되지. 이건 **위로의 함수**라 불리는 사상이야. 전사(全射)라고도 해.

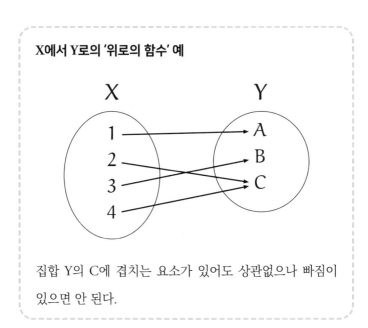

X에서 Y로의 '위로의 함수' 예

집합 Y의 C에 겹치는 요소가 있어도 상관없으나 빠짐이 있으면 안 된다.

테트라 '빠짐이 없는 사상'이 전사….

나 그리고 이 두 성질을 모두 가진 사상, 즉 '빠짐도 없고 겹침도 없는 사상'을 아까 말한 **일대일 대응**이라고 부르지.

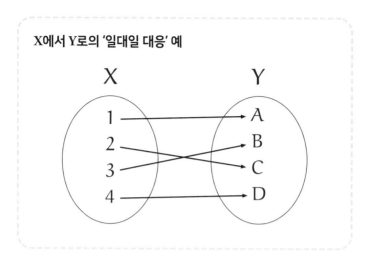

X에서 Y로의 '일대일 대응' 예

테트라 알았어요. 저는 지금까지 대응이라는 말이 '빠짐도 없고 겹침도 없는' 경우로만 이해하고 있었어요. 빠짐도 없고, 겹침도 없다는 사실을 나눠서 생각해볼 수 있다는 건 오늘 처음 알았네요.

나 원순열을 순열로 변환해서 생각했던 것은 원순열 전체와 순열 전체의 일대일 대응을 찾아낸 거였지.

테트라 네, 그러네요.

나 일대일 대응이 중요한 건 두 집합의 **원소 개수가 같아지기** 때문이야. 유한집합의 이야기지만.

테트라 네, 네.

나 그러니까 이렇게 표현할 수도 있어. 뭔가 복잡한 수를 세어야 할 때는 그것에 대응하는 다른 수를 세도 괜찮은 거지.

테트라 그건 예를 들어, '원순열을 세는 대신에 순열을 센다.'는 것과 같은 의미인 거죠?

나 그래! 이건 미르카가 자주 말하는 '구조를 파악하다'와 일맥상통하는 얘기야. 원탁에 둘러앉는 경우의 수를 구하는 것도 중요하지만 원순열과 순열의 대응을 찾아내는 게 훨씬 더 중요할지도 몰라. 경우의 수를 구하는 건 계산 문제지만 '원순열에서 1명을 고정하면 순열이 된다'는 **대응을 찾아내는 건** 훨씬 더 중요한 걸 발견한 거니까!

테트라 그러네요. 원순열에서 순열로…. 아! 일대일 대응을 찾아낸다는 것은 **다른 세계로 이어지는 길**을 찾아낸 것과 같군요! 원순열의 세계에서 순열의 세계로 이어지는 길!

나 맞아. 그리고 일대일 대응은 다른 세계로 이어지는 길뿐만 아니라 다시 돌아오는 길도 이미 찾아낸 거야.

테트라 맞아요!

테트라 갑자기 딴 얘기지만…. 경우의 수 문제에는 갖가지 물건들이 등장하잖아요. 공, 바둑알, 사람, 연필, 사과, 귤…. 별의별 것을 주머니에서 꺼내고 다시 넣고, 일렬로 배열하고 둥글게 세우기도 하고 말이죠.

나 하하하.

테트라가 손발을 바쁘게 흔들어서 나도 모르게 웃음이 나왔다.

테트라 경우의 수를 세다가 몇 번 시행착오를 겪으면서 겨우 깨달은 게 있어요. 예를 들면 바둑알인데요. 바둑알은 서로 구별되지 않는 것들의 예로 자주 쓰이잖아요. 흰 돌과 검은 돌은 구분하지만, 이 검은 돌과 저 검은 돌은 구분하지 않죠.

나 응, 그렇지.

테트라 그래서 '5개의 검은 돌에서 2개의 검은 돌을 선택하는 방법의 수' 같은 문제는 안 나와요. 검은 돌은 구분되지 않아서 2개의 검은 돌을 선택하는 방법의 수는 하나밖에 없으니까요!

나 그렇지. 이 검은 돌 2개, 저 검은 돌 2개 이렇게 구분하지
는 않으니까.

테트라 하지만 사람은 **구분**할 수 있잖아요. 이 사람과 저 사람은
구분할 수 있죠. 그래서 '5명에서 2명을 선택하는 방법의 수'
라는 문제는 있어요. 사람은 서로서로 구분이 되니까.

나 맞아. 그래서 조합의 문제가 될 수 있어. 답은 $\binom{5}{2} = \dfrac{5 \times 4}{2 \times 1}$
$= 10$가지야.

테트라 네. 그리고 '5명 중에서 2명을 선택해서 일렬로 배열하
는 방법의 수'일 때는 주의가 필요해요. 이 경우는 순서를 생
각해야 하니까요.

나 이건 순열 문제지. 일렬로 배열하면 $5 \times 4 = 20$가지네.

테트라 순열의 경우에는 A와 B 2명을 선택할 때 A, B와 B, A
는 다른 배열이 되기 때문에 무엇보다 **구분**이 중요하다고 생
각했어요.

나 맞아. 이렇게 정리해 보니까 '구분'은 경우의 수에서 정말

중요한 키워드네. 역시 정리는 테트라야!

테트라 아, 아니에요…. 선배님이 말씀해주신 내용을 이야기했을 뿐인걸요.

나 '구분' 같은 키워드를 더 생각해볼까?

테트라 키워드요?

나 응, 키워드.

테트라 키워드라고 할 수 있을지는 모르겠는데, 제가 자주 틀리는 조건은 있어요. 예를 들면 **중복** 같은 거요.

나 오호.

테트라 5명을 일렬로 배열할 때는 같은 사람이 두 자리에 설 수는 없으니까 중복은 없겠죠. 하지만 흰 돌과 검은 돌을 섞어 그중에서 5개의 바둑알을 고를 때는 검은 돌이 중복되어 선택되어도 상관없어요. 애초에 중복이 안 된다고 하면 흑백 두 종류밖에 없는 바둑알에서 5기를 고를 수가 없겠죠!

나 중복! 그러니까 겹치게 선택할 수 있느냐, 그거지?

테트라 맞아요. 아! 또 하나 생각났어요. **적어도**요.

나 오!

테트라 5개의 바둑알을 고를 때 '적어도 1개는 흰 돌이 들어가
야 한다'와 같은 조건이 흔히 문제에 나와요.

나 그렇지. '적어도'는 경우의 수뿐만 아니라 수학에서 흔히 나
오는 중요한 단어야. 역시 테트라!

테트라 아, 고맙습니다.

5-7 변환의 묘미

나 '구분', '중복' 그리고 '적어도'…. 그런 키워드에 주의를 기
울인다면 '조건을 까먹는 테트라'라는 이미지에서 벗어날 수
있을 것 같은데?

테트라 그러면 좋겠는데…. 아! 저, 이렇게 생각한 적이 있어요.

나 어떻게?

테트라 '구분하지 않는다'는 곧 '수에만 주목'하는 것과 같다
고요.

나 수에만 주목?

테트라 검은 돌을 구분하지 않는다는 건 검은 돌의 수에만 주목
한다로 변환한 거예요. 맞죠?

나 그렇지! '어떤' 검은 돌을 선택할 것인가가 아니고 '몇 개의' 검은 돌을 선택할 것인가만이 중요한 거지.

테트라 네. 그리고 이런 생각도 했어요. 중복되지 않는다는 건 변환하면 at most one이에요.

나 at most one. '많아도 하나', '기껏해야 하나'라…. 하기야 그건 중복되지 않는다를 바꿔 말한 거긴 하네. 중복되지 않으면 0개 아니면 1개니까. 진짜 그러네.

테트라 네. 그리고 뭔가가 적어도 1개 있다는 건 바꿔 말하면 at least one이에요.

나 at least one. 맞네. 이건 '적어도 하나'니까.

테트라 '구분'과 '중복'과 '적어도'라는 말을 처음 배웠을 때 한동안은 이 단어들을 다 별개의 것으로 인식했었거든요.

나 그랬구나….

테트라 하지만 깨달았죠. '구분하지 않는다'는 수에 주목한다는 것이고, '중복되지 않는다'는 'at most one', '적어도 하나'는 'at least one'이라는 것을요. 이렇게 서로 변환할 수 있다는 것을 알았을 때 제 안에서 이 단어들이 연결되는 것을 느꼈어요. 더 이상 별개의 것이 아니라 이 단어들과 친구가 된 것 같은 기분이 들었죠.

나 그러네. n을 0 이상의 정수라고 하면 '중복되지 않는다'는

$n \leqq 1$이라 쓸 수 있고, '적어도 하나'는 $n \geqq 1$이라고 쓸 수 있겠네.

$0 \leqq n \leqq 1$	"at most one"	많아도 하나
		기껏해야 하나
		중복되지 않는다
$1 \leqq n$	"at least one"	적어도 하나

테트라 맞아요.

나 이렇게 이해할 수도 있구나. 진짜 대단하다. 테트라가 가지고 있는 언어라는 무기를 가지고 자기만의 세계를 구축해낸 거야.

테트라 아, 아니에요. 그렇게 거창한 건 아니고 제가 수학을 못해서 그런 것 뿐이에요. 게, 게다가…. 이렇게 이해해도 정작 문제를 풀 때는 맨날 조건을 까먹어서 별 소용이 없어요….

테트라는 그렇게 말하고는 부끄러웠는지 볼이 빨개졌다. 그때 점심시간의 끝을 알리는 종이 울렸다.

방과 후가 되었다.

여느 때처럼 수학 공부를 하려고 도서실로 들어가자 테트라와 미르카가 나란히 앉아 뭔가 열심히 필기하고 있었다. 필기라기보다는 둘이서 뭔가 문제를 풀고 있는 것 같기도 하고.

나 테트라, 미르카! 문제 풀어?

테트라 아, 선배님! 잠깐만요! 지금 막 배틀 중이라서!

나 배틀?

미르카 카드.

책상 위에는 '무라키 선생님이 주신 카드'가 놓여 있었다.

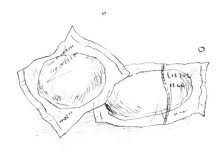

무라키 선생님의 카드

n과 r이 1 이상의 정수일 때, 집합 $\{1, 2, 3, \cdots, n\}$을 r개의 부분집합으로 나누시오. 단, 나눈 부분집합은 공집합이 되어서는 안 된다. 예를 들어 $n = 4$이고 $n = 3$일 때

$$
\begin{aligned}
\{1, 2, 3, 4\} &= \{1, 2\} \cup \{3\} \cup \{4\} \\
&= \{1, 3\} \cup \{2\} \cup \{4\} \\
&= \{1, 4\} \cup \{2\} \cup \{3\} \\
&= \{1\} \cup \{2, 3\} \cup \{4\} \\
&= \{1\} \cup \{2, 4\} \cup \{3\} \\
&= \{1\} \cup \{2\} \cup \{3, 4\}
\end{aligned}
$$

이처럼 6가지로 나눌 수 있다. 이렇게 나눈 개수를

$$
\left\{ \begin{matrix} n \\ r \end{matrix} \right\} = \left\{ \begin{matrix} 4 \\ 3 \end{matrix} \right\} = 6
$$

다음과 같이 나타내기로 한다. (뒷면에 계속)

나는 카드를 뒤집었다.

이하의 $\left\{ \begin{matrix} n \\ r \end{matrix} \right\}$ 의 표를 완성하시오.

$\diagdown^{\;r}_{n}$	1	2	3	4	5
1	1	0	0	0	0
2			0	0	0
3				0	0
4			6		0
5					

나 그렇군. 둘이서 이 무라키 선생님의 카드 문제를 놓고 지금
   배틀을 벌이고 있구나.

아무도 대답하지 않았다.

테트라는 곁눈질도 하지 않고 노트에다 계속 뭔가 적고 있다.

미르카는 그 옆에서 팔짱을 낀 채 눈을 감고 있다.

나도 한번 문제를 풀어볼까. 어디 보자….

◎　◎　◎

일단, n과 r이라는 수가 나온다. 'n과 r이 1 이상의 정수일 때'라고 하니 $n = 1, 2, 3, \cdots$ 이면서 $r = 1, 2, 3, \cdots$ 이라는 얘기다.

그리고 집합 $\{1, 2, 3, \cdots, n\}$이 나온다. 이 집합은 '1부터 n까지의 정수로 된 집합'이로군.

그리고 이 집합을 'r개의 부분집합으로 나눈다. 단, 공집합은 제외한다.' 이거지.

구체적인 예를 살펴보자. 무라키 선생님은 문제를 낼 때 오해가 없도록 예를 제시해주신다. 이것도 '예시는 이해의 시금석'의 하나겠지. 예를 바탕으로 자신이 문제를 정확히 이해했는지 확인할 수 있다.

여기서 나온 건 $n = 4$, $r = 3$의 예다.

n이 4이므로 $\{1, 2, 3, \cdots, n\}$이라는 집합은

$$\{1, 2, 3, 4\}$$

이렇게 나오겠지. r이 3이므로 이 4개의 원소로 된 집합을 3개의 부분집합으로 나눌 수 있다는 거구나. 단, 공집합은 제외한다는 것도 잊지 말자.

나는 이쯤에서 카드로부터 시선을 떼고 머릿속으로 $\{1, 2, 3,$

4}를 3개로 나누어보았다. 예를 들면…,

이건 3개의 부분집합으로 나눈 예 중 하나다.

$$\{1\}과 \{2\}와 \{3, 4\}$$

여기서는 3과 4가 같은 부분집합에 들어갔는데, 이것과 비슷한 패턴이 몇 개 더 있지. 2와 4가 들어간 것.

$$\{1\}과 \{3\}과 \{2, 4\}$$

그리고 1과 3이 들어간 것.

$$\{2\}와 \{4\}와 \{1, 3\}$$

여기까지 생각하고 나는 카드로 다시 시선을 옮겼다. 거기엔 무라키 선생님의 예가 쓰여 있었다. 이를 보니…,

$$
\begin{aligned}
\{1, 2, 3, 4\} &= \{1, 2\} \cup \{3\} \cup \{4\} \\
&= \{1, 3\} \cup \{2\} \cup \{4\} \\
&= \{1, 4\} \cup \{2\} \cup \{3\} \\
&= \{1\} \cup \{2, 3\} \cup \{4\} \\
&= \{1\} \cup \{2, 4\} \cup \{3\} \\
&= \{1\} \cup \{2\} \cup \{3, 4\}
\end{aligned}
$$

아하! 합집합을 나타내는 기호 ∪을 사용해서 모두 6가지의 방법을 써놓았다. 여기까지 문제에서 말하는 부분집합으로 나누는 방법을 제대로 이해한 것 같다.

무라키 선생님의 카드에서는 이 나누는 '경우의 수'에 주목하고 있다. 카드에는 $\left\{\begin{matrix} n \\ r \end{matrix}\right\}$의 표를 완성하라고 되어 있는데, 이건 정의니까 그대로 받아들일 수밖에 없다.

$n = 4$, $r = 3$에서 $\{1, 2, 3, 4\}$를 3개의 부분집합으로 나누는 경우의 수는 6가지 있다. 이를

$$\left\{\begin{matrix} n \\ r \end{matrix}\right\} = \left\{\begin{matrix} 4 \\ 3 \end{matrix}\right\} = 6$$

이렇게 쓴다….

그리고 문제는 **이 표를 완성하는** 것이다.

n \ r	1	2	3	4	5
1	1	0	0	0	0
2			0	0	0
3				0	0
4			6		0
5					

표를 보니 이미 채워진 부분이 있네.

우선 눈에 띄는 것은 0이 많은 부분이다. 응, 이건 $n < r$일 때의 $\begin{Bmatrix} n \\ r \end{Bmatrix}$이다. 당연하지. '$n$개의 원소를 r개의 부분집합으로 나눈다'인데, 부분집합 개수 r이 원소 개수 n보다 더 많으면 나눌 수가 없다. 나누다가 보면 어느새 원소가 부족해니까. 그러므로 0이 되는 거지.

$$\begin{Bmatrix} n \\ r \end{Bmatrix} = 0 \qquad (n < r \text{일 때})$$

그리고 표의 왼쪽 위. $n = 1$의 행과 $r = 1$의 열이 교차하는 부분에 주목하자. 즉 $\begin{Bmatrix} 1 \\ 1 \end{Bmatrix}$인 곳이다. '1개의 원소를 1개의 부분집합으로 나눈다'는 것은 {1}의 1가지밖에 없다.

$$\begin{Bmatrix} 1 \\ 1 \end{Bmatrix} = 1$$

그리고 $\begin{Bmatrix} 4 \\ 3 \end{Bmatrix}$은 아까 셌지. 6이다.

$$\begin{Bmatrix} 4 \\ 3 \end{Bmatrix} = 6$$

이제 표의 나머지 빈칸은….

◎　　◎　　◎

내가 머릿속으로 여기까지 생각하고 있는데 미르카가 눈을 뜨더니 자기 노트에다 숫자를 마구 적기 시작했다.

미르카 테트라, 나는 다 풀었어. 답 맞춰보자.

테트라 시간이 벌써 다 됐어요? 5단이 아직 남았는데.

나 5단이라고 하니까 무슨 구구단 같다.

미르카 넌 좀 가만히 있어. 테트라가 먼저 말해봐.

테트라 네…. 아, 저는 문제를 이해하기가 어렵더라구요. 하지만 카드에 쓰여 있는 $\left\{ {4 \atop 3} \right\}$의 예를 보니 이해가 됐어요.

$$\begin{aligned}
\{1, 2, 3, 4\} &= \{1, 2\} \cup \{3\} \cup \{4\} \\
&= \{1, 3\} \cup \{2\} \cup \{4\} \\
&= \{1, 4\} \cup \{2\} \cup \{3\} \\
&= \{1\} \cup \{2, 3\} \cup \{4\} \\
&= \{1\} \cup \{2, 4\} \cup \{3\} \\
&= \{1\} \cup \{2\} \cup \{3, 4\}
\end{aligned}$$

미르카 응.

나 예가 있으면 이해하기가 훨씬 쉬워지지.

테트라 네. 이건 1부터 4까지의 정수를 3개의 부분집합으로 나누는 예였어요.

미르카 부분집합으로의 분할.

테트라 네. 그리고 조건이 숨어 있다는 걸 깨달았어요. 나누었을 때 부분집합의 순서는 생각하지 않는다는 조건이에요.

미르카 응.

테트라 그, 그러니까 $\{1, 2\} \cup \{3\} \cup \{4\}$로 나눈 것이나 $\{1, 2\} \cup \{4\} \cup \{3\}$으로 나눈 것이나 구분하지 않고 같은 것으로 본다…. 이건 맞죠?

나 그렇겠네. 그나저나 그런 조건을 놓치지 않고 찾아내다니 대단한데?

테트라 저라고 늘 '조건을 까먹는 테트라'는 아니거든요!

미르카 계속해봐.

테트라 문제의 뜻을 파악하고 난 다음 저는 '작은 수로 시도하기'로 했어요. 그렇게 표를 보다가 바로 풀 수 있는 부분이 있다는 걸 파악했죠.

미르카 다시 말해 명백한 케이스.

테트라 명백한? 아, 그렇죠. $r = 1$일 때를 보면 더욱 명백해져요. 왜냐면 '1개의 부분집합으로 나눈다'는 건 '나누지 않는다'는 얘기니까요. $\{1, 2, 3, \cdots, n\}$의 1가지밖에 없잖아요? 따라서 이렇게 돼요.

$$\begin{Bmatrix} 2 \\ 1 \end{Bmatrix} = 1, \quad \begin{Bmatrix} 3 \\ 1 \end{Bmatrix} = 1, \quad \begin{Bmatrix} 4 \\ 1 \end{Bmatrix} = 1, \quad \begin{Bmatrix} 5 \\ 1 \end{Bmatrix} = 1$$

나 응. 그렇지. 그러면 세로 한 칸을 채울 수 있겠다.

$$\begin{Bmatrix} n \\ 1 \end{Bmatrix} = 1$$

이 되니까.

r n	1	2	3	4	5
1	1	0	0	0	0
2	1		0	0	0
3	1			0	0
4	1		6		0
5	1				

$\begin{Bmatrix} n \\ 1 \end{Bmatrix} = 1$로 표를 채운다.

미르카 여기까진 나랑 똑같은 순서로 생각했네.

테트라 아, 정말이요? 다행이다!

미르카 계속해봐.

테트라 네. 이어서 마찬가지로 명백한 케이스를 생각해봤어요.

나 $r = n$일 때지. 아야!

미르카가 맞은편에서 내 다리를 발로 찼다.

미르카 지금은 테트라가 발표하는 중이라고. 말 끊지 마.

나 아, 미안.

테트라 선배님이 말씀하신 것처럼 $r = n$인 경우를 생각했어요. 부분집합의 개수 r과 원소의 개수 n이 같아지려면 이 경우는 '모두가 흩어지는 경우' 밖에 없습니다. 이건 $r = 1$의 경우와 정반대의 상황이지만 경우의 수는 둘 다 1가지예요. $r = 1$의 경우에는 '모두가 같이 뭉쳐지는' 1가지이고, $r = n$은 '모두가 흩어지는' 1가지죠.

$$\begin{Bmatrix} n \\ r \end{Bmatrix} = 1 \qquad (r = n인 \ 경우)$$

미르카 이렇게 써도 되지.

$$\begin{Bmatrix} n \\ n \end{Bmatrix} = 1$$

테트라 $r = n$이니까 n이 양쪽에…. 맞아요!

나 표의 대각선이 채워졌네. 이제 빈칸은 5개 남았어.

$\diagdown^{r}_{n}$	1	2	3	4	5
1	1	0	0	0	0
2	1	1	0	0	0
3	1		1	0	0
4	1		6	1	0
5	1				1

$\left\{ {n \atop n} \right\} = 1$로 표를 채운다.

미르카 여기까지 테트라는 나랑 똑같은 순서로 생각했네.

테트라 그렇군요. 그렇다면 미르카 님이 세는 속도는 진짜 빠르다는 거네요….

미르카 난 세지 않았어.

테트라 네?

나 뭐라고?

미르카 지금은 테트라가 발표하는 시간이야.

테트라 그, 그 다음으로는 $n = 3$, $r = 2$인 경우를 세봤어요. 무라키 선생님이 주신 카드에 쓰인 방법대로 쓰면 이렇게 돼요. 3가지가 나왔어요.

$$\{1, 2, 3\} = \{1, 2\} \cup \{3\}$$

$$= \{1, 3\} \cup \{2\}$$

$$= \{1\} \cup \{2, 3\}$$

$$\left\{ {3 \atop 2} \right\} = 3$$

미르카 흠.

나 빈칸 하나 더 채웠네.

n\r	1	2	3	4	5
1	1	0	0	0	0
2	1	1	0	0	0
3	1	3	1	0	0
4	1		6	1	0
5	1				1

$\left\{ {3 \atop 2} \right\} = 3$으로 표를 채운다.

테트라 이번엔 $n = 4$, $r = 2$의 경우예요. 차근차근 생각해봤더니 6가지가 나왔어요.

$$\{1, 2, 3, 4\} = \{1, 2, 3\} \cup \{4\}$$
$$= \{1, 2, 4\} \cup \{3\}$$
$$= \{1, 2\} \cup \{3, 4\}$$
$$= \{1, 3\} \cup \{2, 4\}$$
$$= \{1, 4\} \cup \{2, 3\}$$
$$= \{1\} \cup \{2, 3, 4\}$$

$$\begin{Bmatrix} 4 \\ 2 \end{Bmatrix} = 6 \qquad (\,?\,)$$

미르카 틀렸어. $\{1, 3, 4\} \cup \{2\}$가 빠졌어.

테트라 네? 앗! 진짜다. 1개 빼먹었네요.

$$\{1, 2, 3, 4\} = \{1, 2, 3\} \cup \{4\}$$
$$= \{1, 2, 4\} \cup \{3\}$$
$$= \{1, 3, 4\} \cup \{2\} \qquad \leftarrow 빼먹었다.$$
$$= \{1, 2\} \cup \{3, 4\}$$
$$= \{1, 3\} \cup \{2, 4\}$$
$$= \{1, 4\} \cup \{2, 3\}$$
$$= \{1\} \cup \{2, 3, 4\}$$

$$\begin{Bmatrix} 4 \\ 2 \end{Bmatrix} = 7$$

나 아깝다. 하지만 이걸로 $n \leq 4$의 빈칸은 다 채워졌네.

n＼r	1	2	3	4	5
1	1	0	0	0	0
2	1	1	0	0	0
3	1	3	1	0	0
4	1	7	6	1	0
5	1				1

$\left\{ {4 \atop 2} \right\} = 7$로 표를 채운다.

테트라 네⋯. 하지만 저는 여기까지 풀었고, $n = 5$는 지금 구하는 중이었어요. 미르카 선배님, 아까 '세지 않았다'고 말씀하셨는데 세지 않고 어떻게 칸을 채우셨어요?

미르카 우리가 구해야 하는 것은 부분집합이 아니고 나누었을 때의 개수야. '구조를 파악'하면 개수는 금방 구할 수 있어. 그럼 이번엔 너기 힌번 풀어봐. 이선 퀴즈야. $\left\{ {5 \atop 2} \right\}$의 값은?

$\left\{ {5 \atop 2} \right\}$의 값은?

r n	1	2	3	4	5
1	1	0	0	0	0
2	1	1	0	0	0
3	1	3	1	0	0
4	1	7	6	1	0
5	1	?			1

나 왜 갑자기 나야…. 난 테트라처럼 셀 거야. 세지 않고는 구
   조를 파악할 수 없으니까.

미르카 마음대로 해.

나 음, 5개의 원소를 2개의 부분집합으로 나누는 거니까….

$$\{1, 2, 3, 4, 5\} = \{1, 2, 3, 4\} \cup \{5\}$$
$$= \{1, 2, 3, 5\} \cup \{4\}$$
$$= \{1, 2, 4, 5\} \cup \{3\}$$
$$= \{1, 3, 4, 5\} \cup \{2\}$$
$$= \{2, 3, 4, 5\} \cup \{1\}$$
$$= \{1, 2, 3\} \cup \{4, 5\}$$
$$= \{1, 2, 4\} \cup \{3, 5\}$$
$$= \{1, 2, 5\} \cup \{3, 4\}$$
$$= \cdots$$

나 잠깐만.

테트라 꽤 복잡하네요.

나 아니, 이건 패턴을 전부 다 쓸 필요는 없을 것 같아. 이렇게 생각하면 되겠다. '5개의 원소를 2개의 부분집합으로 나누는' 거니까 바꿔 말하면 '5개의 원소에서 원소 몇 개를 선택해서 부분집합을 1개 만들기'만 하면 되겠네! 왜냐면 남은 원소를 전부 합쳐서 다른 하나의 부분집합으로 만들어버리면 되니까.

테트라 네?

나 예를 들면 $\{1, 2, 3, 4, 5\}$에서 1, 2, 5를 선택해서 $\{1, 2, 5\}$

라는 부분집합을 만들었다면, 나머지 원소 3, 4를 합쳤을 때 {3, 4}라는 부분집합이 자동으로 만들어지지. 그러면

$$\{1, 2, 3, 4, 5\} = \{1, 2, 5\} \cup \{3, 4\}$$

이렇게 나눈 게 돼.

테트라 하…. 그런가요.

나 5개의 원소 각각에 대해서는 선택하거나 안 하거나의 2가지 선택지가 있으니까 모두 $2 \times 2 \times 2 \times 2 \times 2 = 2^5 = 32$가지의 경우가 있겠지. 하지만 '모두 선택'이랑 '모두 선택 안함'이라는 선택지는 제외해야 해. 왜냐면 부분집합은 공집합이 되면 안 되니까.

테트라 아하! 그러면 $32 - 2 = 30$가지!

나 아, 하나 더! 테트라가 아까 말했잖아. '부분집합의 순서는 생각하지 않는다'는 조건이 있었지? 예를 들어서 지금 생각하는 방식에서는 {1, 2, 5}를 선택할 때의 {1, 2, 5} ∪ {3, 4}로 나누는 거랑 선택하지 않을 때의 {3, 4} ∪ {1, 2, 5}는 같다고 봐야지.

테트라 어머! 제가 알아낸 조건이었는데도 까먹었었어요…. 그럼 중복된 만큼 2로 나누란 거죠?

나 응, 아마 그럴 거야. 그래서 $\left\{ {5 \atop 2} \right\} = \dfrac{32-2}{2} = 15$가지야. 미르카, 맞지?

미르카 정확해.

●●● **퀴즈의 정답**

r n	1	2	3	4	5
1	1	0	0	0	0
2	1	1	0	0	0
3	1	3	1	0	0
4	1	7	6	1	0
5	1	?			1

$$\left\{ {5 \atop 2} \right\} = 15$$

나 그렇군….

미르카 네가 지금 말한 건 바로 일반화가 가능해. 이렇게 말이야.

$$\begin{Bmatrix} n \\ 2 \end{Bmatrix} = \frac{2^n - 2}{2} = 2^{n-1} - 1$$

나 진짜 그렇네….

미르카 너라면 $\begin{Bmatrix} n \\ 2 \end{Bmatrix}$의 수열 0, 1, 3, 7, … 에서 $\begin{Bmatrix} n \\ 2 \end{Bmatrix} = 2^{n-1} - 1$을 바로 알아낼 줄 알았는데.

나 앗, 그러네. 여기에도 힌트가 숨어 있었구나.

미르카 패턴의 발견은 '구조를 파악하는' 힌트가 된다.

테트라 미르카 님, 근데요….

미르카 왜.

테트라 혹시 $\begin{Bmatrix} 5 \\ 4 \end{Bmatrix}$의 값은 10 아니에요?

미르카 정답. 어떻게 나왔지?

테트라 아, 죄송해요. 그냥 찍었어요.

미르카 예상이군. 왜 그렇게 예상했어?

테트라 '패턴의 발견은 구조를 파악하는 힌트가 된다'라는 미르카 님의 말을 듣고 대각선의 패턴을 살펴봤는데요. 여기 1, 3, 6, … 이요. 혹시 '삼각수'인가? 라는 생각이 들었어요.

n \ r	1	2	3	4	5
1	1	0	0	0	0
2	1	1	0	0	0
3	1	3	1	0	0
4	1	7	6	1	0
5	1	15		?	1

1, 3, 6, … 은 삼각수?

나 진짜 그러네!

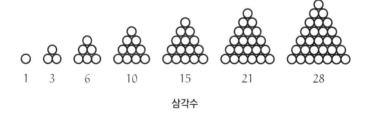

삼각수

미르카 계차를 봐도 알 수 있지. 2를 더하고, 3을 더하고, 4를 더하고….

테트라 그래서 $\left\{{5 \atop 4}\right\} = 10$인가? 싶었어요. 그냥 거의 찍는 거지만요.

미르카 또 예상이군.

나 예상한 걸 증명해보자. 삼각수라면 $\frac{n(n-1)}{2}$ 이 된다는 걸 나타내면 되니까

$$\begin{Bmatrix} n \\ n-1 \end{Bmatrix} = \frac{n(n-1)}{2}$$

이 식을 증명하면 되겠다.

미르카 그 모양보다는 $\binom{n}{2}$ 가 나아.

●●● 퀴즈

다음 등식이 성립한다는 것을 증명하시오 (n은 2 이상의 정수).

$$\begin{Bmatrix} n \\ n-1 \end{Bmatrix} = \binom{n}{2}$$

테트라 저, 저기…. 어떤 모양이나 상관없지 않아요?

나 그렇지. $\binom{n}{2} = \frac{n \times (n-1)}{2 \times 1} = \frac{n(n-1)}{2}$ 이니까.

미르카 조합론적 해석인데, 이게 더 증명하기가 편해. 정답은 이거야.

'n개의 원소를 $n-1$개의 부분집합으로 나눈다'라는 것은, 'n개의 원소 중 어느 2개의 원소를 같은 부분집합에 넣는 것'과 같다.

따라서 $\left\{ {n \atop n-1} \right\}$은 n개의 원소에서 어느 2개의 원소를 선택하는 조합의 수와 같다. 즉

$$\left\{ {n \atop n-1} \right\} = \binom{n}{2}$$

나 아하!

테트라 아, 어…. 그럼 예를 들어서 $n=4$, $r=3$인 경우는.

미르카 카드에 예시로 적혀 있어.

$\{1, 2, 3, 4\} = \{1, 2\} \cup \{3\} \cup \{4\}$	$\{1, 2\}$를 선택
$= \{1, 3\} \cup \{2\} \cup \{4\}$	$\{1, 3\}$를 선택
$= \{1, 4\} \cup \{2\} \cup \{3\}$	$\{1, 4\}$를 선택
$= \{1\} \cup \{2, 3\} \cup \{4\}$	$\{2, 3\}$를 선택
$= \{1\} \cup \{2, 4\} \cup \{3\}$	$\{2, 4\}$를 선택
$= \{1\} \cup \{2\} \cup \{3, 4\}$	$\{3, 4\}$를 선택

테트라 정말 그러네요! '4개 중 어느 2개의 원소를 선택하느냐'

로 결정되네요. 그러므로 $\left\{ 5 \atop 4 \right\} = 10$입니다!

나 이제 빈칸 1개 남았어.

n \ r	1	2	3	4	5
1	1	0	0	0	0
2	1	1	0	0	0
3	1	3	1	0	0
4	1	7	6	1	0
5	1	15	?	10	1

미르카 나머지는 일반적으로 생각하는 게 더 쉬워.

테트라 일반적이라는 건 구체적으로 어떤 뜻이죠?

나 지금 테트라가 한 말은 모순된 질문 같지만, 모순되지 않

았어.

미르카 구체적으로는 $\left\{ n \atop r \right\}$이 만족하는 점화식을 생각한다는 뜻

이야.

나 점화식이라!

테트라 네….

미르카 이렇게 생각하면 돼. $\left\{{n \atop r}\right\}$에서는 n개의 원소를 r개의 부분집합으로 나누는 건데, 어느 특정 원소에 주목하는 거야. 예를 들면 1에 주목해보자.

테트라 혹시 그 1은 왕인가요?!

미르카 맞아. 너가 좋아하는 '1명을 고정해서 생각하기'야. 1을 네가 말한 '왕'이라 하자고. 그럼 경우의 수는 '1이 단독으로 부분집합을 만드는 것' 또는 '1이 다른 원소와 함께 부분집합을 만드는 것' 중 어느 하나가 돼.

1에 주목한 경우의 수 2가지

《1이 단독으로 부분집합을 만드는》 경우의 수

$$\{1\} \cup \cdots$$

《1이 다른 원소와 함께 부분집합을 만드는》 경우의 수

$$\{1, \cdots\} \cup \cdots$$

나 그렇군….

미르카 지금은 $\left\{{n \atop r}\right\}$을 구할 거야. 먼저 '1이 단독으로 부분집합을 만드는' 경우의 수는 몇 가지 있을까?

나 그걸 어떻게 알아내…. 아, 아니다! $\left\{{n-1 \atop r-1}\right\}$이다!

테트라 어떻게 그렇게 금방 알아요?

나 왜냐면 왕 1을 제외한 나머지 원소 개수는 $n-1$개고, 왕은 혼자서 부분집합을 이미 1개 만들어버렸으니 나머지 만들어야 할 것은 $r-1$개니까.

테트라 아!

나 응. 따라서 $n-1$개의 원소를 $r-1$개의 부분집합으로 나눌 때의 개수…. 그건 $\left\{{n-1 \atop r-1}\right\}$야.

미르카 맞았어.

테트라 그러네요…. 그게 '1이 왕이 되는' 경우의 수가 되는군요.

미르카 그리고 또 하나의 경우의 수, '1이 다른 원소와 함께 부분집합을 만드는' 경우의 수는?

테트라 혹시 이건 $\left\{{n-1 \atop r}\right\}$인가요?

미르카 어째서?

테트라 홀로 외로운 왕이 어느 그룹에 들어가야 하니까 왕을 제외한 $n-1$명이 부분집합 r개를 만드는 게 되니까요.

나 아쉽지만 틀렸어, 테트라. 왕을 제외한 $n-1$명으로 r개의 부분집합을 만드는 것까지는 좋았는데, r개의 부분집합 중 왕이 어디로 들어가는지는 r가지 방법이 있지. 그러니까 r배를 해야 해.

테트라 아!

미르카 맞았어. 그러니까 '1이 다른 원소와 함께 부분집합을 만드는' 경우의 수는 $r\begin{Bmatrix} n-1 \\ r \end{Bmatrix}$이 돼. 그리고 두 식을 더한 값은 $\begin{Bmatrix} n \\ r \end{Bmatrix}$과 같아.

나 정말 점화식을 만들 수 있네! 이런 식으로 말이야.

$\begin{Bmatrix} n \\ r \end{Bmatrix}$ 이 만족하는 점화식

$$\begin{Bmatrix} n \\ r \end{Bmatrix} = \begin{Bmatrix} n-1 \\ r-1 \end{Bmatrix} + r\begin{Bmatrix} n-1 \\ r \end{Bmatrix}$$

미르카 정확해.

테트라 점화식….

미르카 그리고 이를 사용하면 바로 $\begin{Bmatrix} 5 \\ 3 \end{Bmatrix}$을 구할 수 있어.

$$\begin{Bmatrix} n \\ r \end{Bmatrix} = \begin{Bmatrix} n-1 \\ r-1 \end{Bmatrix} + r\begin{Bmatrix} n-1 \\ r \end{Bmatrix} \qquad \text{점화식}$$

$$\begin{Bmatrix} 5 \\ 3 \end{Bmatrix} = \begin{Bmatrix} 5-1 \\ 3-1 \end{Bmatrix} + 3\begin{Bmatrix} 5-1 \\ 3 \end{Bmatrix} \qquad n=5,\ r=3\text{을 대입한다.}$$

$$= \begin{Bmatrix} 4 \\ 2 \end{Bmatrix} + 3\begin{Bmatrix} 4 \\ 3 \end{Bmatrix}$$

$$= 7 + 3 \times 6 \qquad \text{표에 넣을 숫자는}$$

$$= 25$$

r / n	1	2	3	4	5
1	1	0	0	0	0
2	1	1	0	0	0
3	1	3	1	0	0
4	1	7	6 ($3 \times 6 = 18$)	1	0
5	1	15	25 ($7 + 18 = 25$)	10	1

점화식으로 표를 완성하다. ($25 = 7 + 3 \times 6$)

테트라 아…. 이거, 꼭 파스칼의 삼각형 같아요.

나 정말 비슷하네.

미르카 차이는 왼쪽 위와 바로 위를 더하는 대신 찾고자 하는 숫자의 r을 곱한다는 부분이지.

나 그렇구나. 이 점화식만 구해지면 모든 패턴을 일일이 만들어서 셀 필요 없이 위에서부터 차례로 표를 채울 수 있겠네.

테트라 이것으로 표가 완성됐습니다!

무라키 선생님의 카드 (풀이)

r n	1	2	3	4	5
1	1	0	0	0	0
2	1	1	0	0	0
3	1	3	1	0	0
4	1	7	6	1	0
5	1	15	25	10	1

나 미르카, 대단하다.

내가 이렇게 말하자 미르카는 슬쩍 나에게서 시선을 뗐다. 그리고는 노트에 빠르게 식을 써 내려갔다.

$$\left\{ {n \atop r} \right\} = \sum_{k=1}^{n-1} \binom{n-1}{k} \left\{ {k \atop r-1} \right\}$$

미르카 파스칼의 삼각형에서 나오는 조합의 수 $\binom{n}{r}$과 이번 $\left\{ {n \atop r} \right\}$

사이에는 이런 관계식이 성립해.

$\binom{n}{r}$과 $\left\{{n \atop r}\right\}$의 관계

$$\left\{{n \atop r}\right\} = \sum_{k=1}^{n-1} \binom{n-1}{k} \left\{{k \atop r-1}\right\}$$

※ 단, $n > 1$, $r > 1$인 것으로 한다.

테트라 으악! 진짜 식이 복잡하네요….

나 이건, $\sum$를 전개하면 이렇게 되나?

$\dbinom{n}{r}$과 $\begin{Bmatrix} n \\ r \end{Bmatrix}$의 관계

$$
\begin{aligned}
\begin{Bmatrix} n \\ r \end{Bmatrix} &= \dbinom{n-1}{1}\begin{Bmatrix} 1 \\ r-1 \end{Bmatrix} \\
&\quad + \dbinom{n-1}{2}\begin{Bmatrix} 2 \\ r-1 \end{Bmatrix} \\
&\quad + \dbinom{n-1}{3}\begin{Bmatrix} 3 \\ r-1 \end{Bmatrix} \\
&\quad + \cdots \\
&\quad + \dbinom{n-1}{k}\begin{Bmatrix} k \\ r-1 \end{Bmatrix} \\
&\quad + \cdots \\
&\quad + \dbinom{n-1}{n-1}\begin{Bmatrix} n-1 \\ r-1 \end{Bmatrix}
\end{aligned}
$$

※ 단, $n > 1$, $r > 1$인 것으로 한다.

미르카 응, 맞아.

나 성립되는지 확인해볼게. $n = 4$, $r = 3$일 때는….

$$《좌변》 = \left\{ {4 \atop 3} \right\}$$

$$= 6$$

$$《우변》 = \binom{4-1}{1}\left\{ {1 \atop 3-1} \right\} + \binom{4-1}{2}\left\{ {2 \atop 3-1} \right\} + \binom{4-1}{3}\left\{ {3 \atop 3-1} \right\}$$

$$= \binom{3}{1}\left\{ {1 \atop 2} \right\} + \binom{3}{2}\left\{ {2 \atop 2} \right\} + \binom{3}{3}\left\{ {3 \atop 2} \right\}$$

$$= \frac{3}{1}\left\{ {1 \atop 2} \right\} + \frac{3 \times 2}{2 \times 1}\left\{ {2 \atop 2} \right\} + \frac{3 \times 2 \times 1}{2 \times 2 \times 1}\left\{ {3 \atop 2} \right\}$$

$$= 3 \times 0 + 3 \times 1 + 1 \times 3$$

$$= 6$$

나 둘 다 6이 나와. 성립하네.

테트라 신기해요….

미르카 생각하면 금방 알 수 있어. 본체인 $\binom{n-1}{k}\left\{ {k \atop r-1} \right\}$만 설명할게. 본질은 한마디로 설명할 수 있어.

테트라 네.

미르카 **왕의 적이 k명 있다고 생각해보자.**

나 적?

테트라 왕의 적이요?

미르카 모두 n명이 있고, 1이라는 '왕' 이외에는 $n-1$명 있어.

왕의 적…. 그러니까 나누었을 때 '1과 **다른** 부분집합에 들어가는 사람'이 k명 있다고 할 때, 그 선택하는 방법은 $n-1$명에서 k명을 선택하는 조합이 되니까 $\binom{n-1}{k}$가 돼.

나 그렇지.

테트라 ….

미르카 '왕의 적'이 k명 있다는 건 그 외의 '왕의 아군'은 $n-k-1$명 있다는 뜻이지. 그리고 '왕과 그의 아군'이 1개의 부분집합을 만들어.

나 그렇구나…. 남은 부분집합은 적이 만드는구나.

미르카 그래. 남은 $r-1$개의 부분집합은 왕의 적인 k명을 나누어서 만들고, 그 경우의 수는 당연히 $\left\{ {k \atop r-1} \right\}$이 돼.

나 이제 이 둘을 곱하면 되는 거네!

미르카 맞아. '왕의 적이 k명 있는' 경우의 수는 $\binom{n-1}{k}\left\{ {k \atop r-1} \right\}$가지야.

테트라 ….

나 이제 계산만 하면 되나?

미르카 그렇지. '왕의 적'은 k = 1, 2, 3, ⋯, $n-1$이고, 이를 모두 더하면 돼.

$\left(\begin{matrix} n \\ r \end{matrix}\right)$과 $\left\{\begin{matrix} n \\ r \end{matrix}\right\}$의 관계

$$\left\{\begin{matrix} n \\ r \end{matrix}\right\} = \sum_{k=1}^{n-1} \left(\begin{matrix} n-1 \\ k \end{matrix}\right) \left\{\begin{matrix} k \\ r-1 \end{matrix}\right\}$$

※ 단, $n > 1$, $r > 1$인 것으로 한다.

테트라 어렵네요…. 아직 저는 이 식을 완벽하게 이해하진 못한 것 같아요. 하지만 '의미를 생각하는 것에 대한 의미'는 조금 알 것 같아요.

나 의미를 생각하는 것에 대한 의미?

테트라 네. 왕을 정한다든지, 왕을 혼자 남겨둔다든지, 아군과 합친다든지, 적을 나누거나 하는…. 그런 일들이 수식이랑 딱 대응하잖아요. 분류를 다 마치고 난 다음에 모두 더하기만 하면 경우의 수를 구할 수 있고요.

미르카 그게 바로 **조합론적 해석**이야. 조합론적 해석을 하면 경우의 수의 관계식이 성립된다는 걸 증명할 수 있어.

테트라 조합론적 해석….

미르카 수식만으로는 이해하기 어려운 경우라도 조합론적 해석을 병행해서 생각하면 이해하기 훨씬 쉬워지지.

미즈타니 선생님 하교할 시간이에요.

미즈타니 선생님의 말에 오늘의 수학 이야기는 이렇게 마무리되었다.

경우의 수만으로도 우리는 끊임없이 수다를 떨 수 있다.

5장에 등장하는 $\left\{ {n \atop r} \right\}$은 《제2종 스털링 수》(Stirling subset numbers)라 불린다.

"세계를 알기 위해, 지도를 그리자."

제5장의 문제

●●● **문제 5-1 (일대일 함수의 개수)**

본문(251쪽)에 일대일 함수의 이야기가 나온다. 3개의 원소를 가진 집합 X = {1, 2, 3}과 4개의 원소를 가진 집합 Y = {A, B, C, D}가 있다고 할 때, X에서 Y로의 일대일 함수 가운데 2개를 그린 것이 아래의 그림이다.

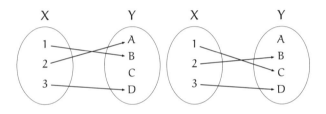

X에서 Y로의 일대일 함수는 모두 몇 개인지 구하시오.

(해답은 p.339)

●●● **문제 5-2 (위로의 함수의 개수)**

본문(252쪽)에 위로의 함수 이야기가 나온다. 5개의 원소를 가진 집합 X = {1, 2, 3, 4, 5}와 2개의 원소를 가진 집합 Y = {A, B}가 있다고 할 때, A에서 B로의 위로의 함수 가운데 2개를 그린 것이 아래 그림이다.

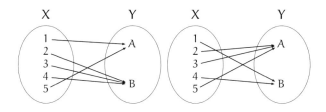

X에서 Y로의 위로의 함수는 모두 몇 개인지 구하시오.

(해답은 p.342)

n개의 원소를 가진 집합을 공집합이 아닌 r개의 부분집합으로 나누는 방법의 수 $\left\{ {n \atop r} \right\}$이 본문에 나온다. 무라키 선생님의 카드에 나온 표보다 더 큰 아래의 표를 완성하시오.

n＼r	1	2	3	4	5	6
1	1	0	0	0	0	0
2	1	1	0	0	0	0
3	1		1	0	0	0
4	1			1	0	0
5	1				1	0
6	1					1

(해답은 p.344)

어느 날 어느 시간. 수학자료실에서.

소녀 우와, 정말 많네요!

선생님 그렇지.

소녀 선생님, 이건 뭐예요?

+++--- ++-+-- ++--+- +-++-- +-+-+-

선생님 뭐일 것 같니?

소녀 '+'와 '−'를 각각 3개씩 배열한 거?

선생님 맞아. 또는 왼쪽에서 순서대로 보면 '+'의 개수는 항상 '−'의 개수 이상이라는 조건도 가능하지.

소녀 그 조건은 어떤 의미가 있어요?

선생님 이걸 봐봐.

$$((()))\quad (()())\quad (())()\quad ()(())\quad ()()()$$

소녀 '+'를 '('로 그리고 '−'를 ')'로 바꾼 거네요.

$$+ \quad \longleftarrow \cdots \longrightarrow \quad ($$
$$- \quad \longleftarrow \cdots \longrightarrow \quad)$$

선생님 기호들이 그렇게 대응하고 있지. 그러면 아까 그 조건 은 '열기 괄호와 닫기 괄호가 정확하게 호응한다'라고 말할 수 있어.

소녀 선생님, 이건 뭐예요?

선생님 뭐일 것 같니?

소녀 아, 알겠다, 선생님. +를 ↗로, −를 ↘로 바꾼 거죠?

선생님 그렇지. +, −와 ↗, ↘가 대응하는 거야. 3개의 ↗와 3 개의 ↘를 배열하고, 땅속으로 파고들어 가는 방법 없이 배 열하는 방법은 이 5가지야. 카탈란 수 $C_3 = 5$니까.

소녀 그렇다면 이런 대응도 가능하겠어요.

```
+ + + − −      ←------→      1 + 1 + 1 + 1 − 1 − 1 − 1
+ + − + − −    ←------→      1 + 1 + 1 − 1 + 1 − 1 − 1
+ + − − + −    ←------→      1 + 1 + 1 − 1 − 1 + 1 − 1
+ − + + − −    ←------→      1 + 1 − 1 + 1 + 1 − 1 − 1
+ − + − + −    ←------→      1 + 1 − 1 + 1 − 1 + 1 − 1
```

선생님 그러네. 1을 사이에 넣어서 식을 만든다면 '도중까지의 합이 반드시 양수이고 마지막에 0이 되는' 식에 대응하는 거지. 예를 들어서 $1 + 1 − 1 + 1 + 1 − 1 − 1 − 1$이라면

$$\begin{cases} 1 = 1 \\ 1 + 1 = 2 \\ 1 + 1 − 1 = 1 \\ 1 + 1 − 1 + 1 = 2 \\ 1 + 1 − 1 + 1 + 1 = 3 \\ 1 + 1 − 1 + 1 + 1 − 1 = 2 \\ 1 + 1 − 1 + 1 + 1 − 1 − 1 = 1 \\ 1 + 1 − 1 + 1 + 1 − 1 − 1 − 1 = 0 \end{cases}$$

이렇게 되니까. 도중까지의 합은 1, 2, 1, 2, 3, 2, 1로 모두 양수야.

소녀 그렇다면 〈1, 2, 1, 2, 3, 2, 1〉과 같은 '배열'의 개수도 C_3 = 5가 되나요?

$$1 + 1 + 1 + 1 - 1 - 1 - 1 \quad \longleftarrow\text{-----}\rightarrow \quad \langle 1, 2, 3, 4, 3, 2, 1 \rangle$$
$$1 + 1 + 1 - 1 + 1 - 1 - 1 \quad \longleftarrow\text{-----}\rightarrow \quad \langle 1, 2, 3, 2, 3, 2, 1 \rangle$$
$$1 + 1 + 1 - 1 - 1 + 1 - 1 \quad \longleftarrow\text{-----}\rightarrow \quad \langle 1, 2, 3, 2, 1, 2, 1 \rangle$$
$$1 + 1 - 1 + 1 + 1 - 1 - 1 \quad \longleftarrow\text{-----}\rightarrow \quad \langle 1, 2, 1, 2, 3, 2, 1 \rangle$$
$$1 + 1 - 1 + 1 - 1 + 1 - 1 \quad \longleftarrow\text{-----}\rightarrow \quad \langle 1, 2, 1, 2, 1, 2, 1 \rangle$$

선생님 정답. 이걸 발견해내다니 아주 훌륭해!

소녀 왜냐면 대응을 만들면 되는 거니까요!

선생님 처음에 나오는 1, 2와 끝의 2, 1은 없애도 되겠다.

$$\langle \underline{1, 2}, 3, 4, 3, \underline{2, 1} \rangle \quad \longleftarrow\text{-----}\rightarrow \quad \langle 3, 4, 3 \rangle$$
$$\langle \underline{1, 2}, 3, 2, 3, \underline{2, 1} \rangle \quad \longleftarrow\text{-----}\rightarrow \quad \langle 3, 2, 3 \rangle$$
$$\langle \underline{1, 2}, 3, 2, 1, \underline{2, 1} \rangle \quad \longleftarrow\text{-----}\rightarrow \quad \langle 3, 2, 1 \rangle$$
$$\langle \underline{1, 2}, 1, 2, 3, \underline{2, 1} \rangle \quad \longleftarrow\text{-----}\rightarrow \quad \langle 1, 2, 3 \rangle$$
$$\langle \underline{1, 2}, 1, 2, 1, \underline{2, 1} \rangle \quad \longleftarrow\text{-----}\rightarrow \quad \langle 1, 2, 1 \rangle$$

소녀 그런데 이건 무슨 예가 될까요?

$$\langle 3, 4, 3 \rangle \quad \langle 3, 2, 3 \rangle \quad \langle 3, 2, 1 \rangle \quad \langle 1, 2, 3 \rangle \quad \langle 1, 2, 1 \rangle$$

선생님 응. 이것만 보면 알 수 없으니까 원래 도형으로 다시 돌아가자. 이 점의 개수를 나타내고 있는 거네.

소녀 점의 개수요?

선생님 세로로 한번 봐볼까? 왼쪽 끝과 오른쪽 끝은 반드시 3 또는 1이 나오지. 그리고 각각의 줄은 반드시 옆과 ±1이 되고.

소녀 선생님. 1, 2와 2, 1을 없앴다는 것은 왼쪽 끝의 '+'와 오른쪽 끝의 '−'를 없앴다는 거네요?

+++−−	←------→	++−−
++−+−−	←------→	+−+−
++−−+−	←------→	+−−+
+−++−−	←------→	−++−
+−+−+−	←------→	−+−+

선생님 그렇게 되네.

소녀 순서를 알았어요!

선생님 순서?

소녀 세로로 배열하니까 더 명확해지네요!

$$++--$$
$$+-+-$$
$$+--+$$
$$-++-$$
$$-+-+$$

선생님 뭐가 명확해진다는 거니?

소녀 +와 −를 배열한 것을 어떤 순서로 배열할 것인가 하는 규칙성이요.

선생님 어떤 순서?

소녀 +를 0으로 치환하고 −를 1로 치환한 이진수라고 생각한 다면 작은 순이죠!

$++--$	◄------►	$0011_2 =\ 3_{10}$
$+-+-$	◄------►	$0101_2 =\ 5_{10}$
$+--+$	◄------►	$0110_2 =\ 6_{10}$
$-++-$	◄------►	$1001_2 =\ 9_{10}$
$-+-+$	◄------►	$1010_2 = 10_{10}$

선생님 순서가 나오는구나! 이건 나도 알아차리지 못했는데. 대단해!

소녀 순서에도 의미가 있네요…. 그리고 드디어 수상한 수열

등장

3   5   6   9   10

소녀는 그렇게 말하고는 배시시 웃었다.

해답

제1장의 해답

● ● ● **문제 1-1 (원순열)**

의자 6개가 놓인 원탁에 6명이 앉는다고 할 때 6명이 의자에 앉는 경우의 수는 몇 가지인지 구하시오.

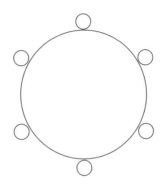

〈해답 1-1〉

1명을 고정하는 방법으로 풀 수 있습니다.

어느 1명을 고정해서 생각하면 모두가 의자에 둘러앉는 경우의 수는 6 – 1 = 5명이 일렬로 배열하는 순열의 수와 같습니다.

$$5! = 5 \times 4 \times 3 \times 2 \times 1 = 120$$

따라서 120가지가 정답입니다.

답: 120가지

또 다른 풀이

중복된 만큼 나누는 방법으로도 풀 수 있습니다.

6명이 6개의 의자에 앉는 경우의 수는 6!가지이나 원탁에 둘러앉
는 경우의 수는 6배로 세계됩니다. 따라서 중복된 만큼 6!을 6으
로 나누는 것입니다.

$$\frac{6!}{6} = 5! = 120$$

따라서 120가지가 정답입니다.

답: 120가지

●●● 문제 1-2 (VIP석)

의자 6개가 놓인 원탁에 6명이 앉는다. 단, 의자 중 하나는 VIP 가 앉는 특별석이라고 할 때, 6명이 의자에 앉는 경우의 수는 몇 가지인지 구하시오.

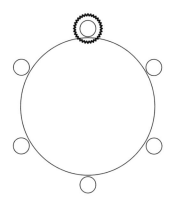

〈해답 1-2〉

VIP석부터 시계 방향에 따라 일렬로 배열된 6개의 의자에 앉는 다고 생각하면

$$6! = 6 \times 5 \times 4 \times 3 \times 2 \times 1 = 720$$

따라서 720가지가 정답입니다.

답: 720가지

또 다른 풀이

6명을 A, B, C, D, E, F라 하고 VIP석에 누가 앉느냐에 따라 경우의 수를 분류할 수 있습니다.

- VIP석에 A가 앉을 때 남은 5명이 앉는 방법은 5!가지
- VIP석에 B가 앉을 때 남은 5명이 앉는 방법은 5!가지
- VIP석에 C가 앉을 때 남은 5명이 앉는 방법은 5!가지
- VIP석에 D가 앉을 때 남은 5명이 앉는 방법은 5!가지
- VIP석에 E가 앉을 때 남은 5명이 앉는 방법은 5!가지
- VIP석에 F가 앉을 때 남은 5명이 앉는 방법은 5!가지

계산하면

$$6 \times 5! = 720$$

따라서 720가지가 정답입니다.

답: 720가지

●●● **문제 1-3 (염주순열)**

6개의 서로 다른 보석을 꿰어서 구슬 목걸이를 만든다고 할 때 구슬 목걸이를 만드는 경우의 수는 몇 가지인지 구하시오.

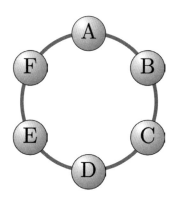

〈해답 1-3〉

본문(56쪽)에서는 6개의 서로 다른 보석을 원으로 배열하는 원순열을 생각할 때, 뒤집은 것은 같다고 볼 수 있으므로 경우의 수가 2배가 되어 2로 나누었습니다.

$$\frac{(6-1)!}{2} = \frac{5 \times 4 \times 3 \times 2 \times 1}{2} = 60$$

따라서 60종류가 정답입니다.

답: 60종류

제2장의 해답

● ● ● **문제 2-1 (계승)**

다음을 계산하시오.

① $3!$

② $8!$

③ $\dfrac{100!}{98!}$

④ $\dfrac{(n+2)!}{n!}$　　　(n은 0 이상의 정수)

〈해답 2-1〉

① $3! = 3 \times 2 \times 1 = 6$

② $8! = 8 \times 7 \times 6 \times 5 \times 4 \times 3 \times 2 \times 1 = 40320$

③

$$
\begin{aligned}
\frac{100!}{98!} &= \frac{100 \times 99 \times 98 \times \cdots \times 1}{98 \times \cdots \times 1} \\
&= 100 \times 99 \qquad\qquad \text{98} \times \cdots \times \text{1로 약분한다.}\\
&= 9900
\end{aligned}
$$

④

$$\frac{(n+2)!}{n!} = \frac{(n+2) \times (n+1) \times n \times \cdots \times 1}{n \times \cdots \times 1}$$

$$= \frac{(n+2)(n+1) \times n!}{n!}$$

$$= (n+2)(n+1) \qquad\qquad n!\text{로 약분한다.}$$

●●● **문제 2-2 (조합)**

학생 8명 중에서 농구 선수 5명을 선택하는 경우의 수를 구하시오.

〈해답 2-2〉

아래와 같이 조합의 수 $\binom{8}{5}$를 계산한다.

$$\binom{8}{5} = \frac{8 \times 7 \times 6 \times 5 \times 4}{5 \times 4 \times 3 \times 2 \times 1}$$

$$= \frac{8 \times 7 \times 6}{3 \times 2 \times 1} \qquad\qquad 5 \times 4\text{로 약분한다.}$$

$$= 56$$

답: 56가지

또 다른 풀이

'학생 8명 중에서 농구 선수 5명을 선택하는 조합'은 '학생 8명 중에서 농구 선수가 아닌 3명을 선택하는 조합'으로 생각하여 조합의 수 $\binom{8}{3}$을 계산한다.

$$\binom{8}{3} = \frac{8 \times 7 \times 6}{3 \times 2 \times 1}$$
$$= 56$$

답: 56가지

문제 2-3 (묶음)

다음 그림과 같이 원형으로 배열한 6개의 문자가 있다.

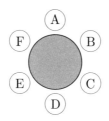

이웃한 문자들끼리 묶어서 문자가 1개 이상 포함된 묶음을 3개 만든다고 할 때 경우의 수를 구하시오. 묶음의 예시는 다음 그림과 같다.

〈해답 2-3〉

'묶음을 만드는 것'으로 생각하지 말고 아래 그림처럼 '구획을 짓는 것'으로 생각해보세요.

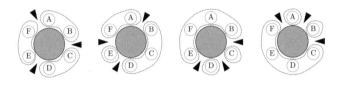

원형으로 배열된 여섯 글자 사이에는 6개의 공간이 있으며 위의 그림처럼 공간 3개를 활용하여 구획을 짓는다고 할 때, 경우의 수는 6개 공간 중에서 3개 구획을 선택하는 조합으로 계산할 수 있으므로

$$\binom{6}{3} = \frac{6 \times 5 \times 4}{3 \times 2 \times 1} = 20$$

따라서 정답은 20가지입니다.

답: 20가지

●●● **문제 2-4 (조합론적 해석)**

아래 식의 좌변은 '$n+1$명 중에서 $r+1$명을 선택하는 조합의 수'를 나타낸다. $n+1$명 가운데 1명을 '왕'으로 지정할 때 아래의 식이 성립됨을 설명하시오.

$$\binom{n+1}{r+1} = \binom{n}{r} + \binom{n}{r+1}$$

단, n과 r은 0 이상의 정수이며, $n \geqq r + 1$이다.

〈해답 2-4〉

'$n + 1$명 중에서 $r + 1$명을 선택하는 조합의 수'를 생각할 때 선택된 $r + 1$명 안에 '왕'이 들어 있는지 없는지로 경우를 분류합니다.

경우 ① 선택된 $r + 1$명 안에 '왕'이 들어 있는 조합의 수는 '왕'을 제외한 n명 중에서 r명을 선택하는 조합의 수와 같습니다('왕'이 들어 있는 것은 이미 정해져 있으므로 나머지 r명을 선택하면 됩니다). 따라서

$$\binom{n}{r}$$

가지입니다.

경우 ② 선택된 $r + 1$명 안에 '왕'이 들어 있지 않은 조합의 수는 '왕'을 제외한 n명 중에서 $r + 1$명을 선택하는 조합의 수와 같습니다. 따라서

$$\binom{n}{r+1}$$

가지입니다.

그러므로

$$\binom{n+1}{r+1} = \binom{n}{r} + \binom{n}{r+1}$$

식이 성립합니다.

제3장의 해답

● ● ● **문제 3-1 (벤다이어그램)**

아래 그림의 두 집합 A, B에 대하여

다음 식으로 나타낼 수 있는 집합을 벤다이어그램으로 그리시오.

① $A^C \cap B$

② $A \cup B^C$

③ $A^C \cap B^C$

④ $(A \cup B)^C$

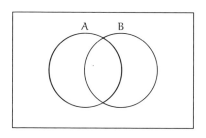

〈해답 3-1〉

① $A^C \cap B$

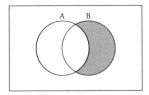

② $A \cup B^C$

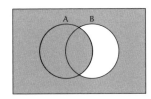

③ $A^C \cap B^C$

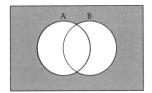

④ $(A \cup B)^C$

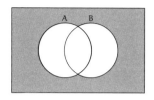

보충 설명

그림으로 알 수 있듯이 ③과 ④는 같은 집합이 됩니다. 즉 두 집합 집합 A, B에 대해

$$A^C \cap B^C = (A \cup B)^C$$

라는 식이 항상 성립하고

$$A^C \cup B^C = (A \cap B)^C$$

라는 식도 항상 성립합니다.

이 두 식을 합쳐서 드 모르간의 법칙이라고 합니다.

전체집합 U와 두 집합 A, B가 다음과 같다고 할 때, 교집합 A∩B는 각각 어떤 집합을 나타내는지 말하시오.

① $U = \{x \mid x$는 0 이상의 정수$\}$

　 $A = \{x \mid x$는 3의 배수$\}$

　 $B = \{x \mid x$는 5의 배수$\}$

② $U = \{x \mid x$는 0 이상의 정수$\}$

　 $A = \{x \mid x$는 30 이상의 정수$\}$

　 $B = \{x \mid x$는 12의 약수$\}$

③ $U = \{(x, y) \mid$ 2개의 실수 x, y인 $(x, y)\}$

　 $A = \{(x, y) \mid x + y = 5$를 만족하는 $(x, y)\}$

　 $B = \{(x, y) \mid 2x + 4y = 16$을 만족하는 $(x, y)\}$

④ $U = \{x \mid x$는 0 이상의 정수$\}$

　 $A = \{x \mid x$는 홀수$\}$

　 $B = \{x \mid x$는 짝수$\}$

〈해답 3-2〉

①

집합 A, B를 하나씩 써보면

A = {0, 3, 6, 9, 12, 15, 18, 21, 24, 27, 30, 33, …}

B = {0, 5, 10, 15, 20, 25, 30, 35, …}

따라서 집합 A, B의 교집합 A∩B는

$$A \cap B = \{0, 15, 30, \cdots\}$$

이 됩니다.

그리고 아래와 같이 풀 수도 있습니다.

$$A \cap B = \{x \mid x는 \ 3의 \ 배수 \ 그리고 \ 5의 \ 배수\}$$

$$A \cap B = \{x \mid x는 \ 3과 \ 5의 \ 공배수\}$$

$$A \cap B = \{x \mid x는 \ 15의 \ 배수\}$$

여기서 나오는 수 15는 3과 5의 최소공배수입니다.

②

집합 A, B를 하나씩 써보면

$$A = \{1, 2, 3, 5, 6, 10, 15, 30\}$$

$$B = \{1, 2, 3, 4, 6, 12\}$$

따라서 집합 A, B의 교집합 A∩B는

$$A \cap B = \{1, 2, 3, 6\}$$

이 됩니다.

그리고 아래와 같이 풀 수도 있습니다.

$$A \cap B = \{x \mid x \text{는 } 30\text{의 약수 그리고 } 12\text{의 약수}\}$$
$$A \cap B = \{x \mid x \text{는 } 30\text{과 } 12\text{의 공약수}\}$$
$$A \cap B = \{x \mid x \text{는 } 6\text{의 약수}\}$$

여기서 나오는 수 6은 30과 12의 최대공약수입니다.

③

집합 A는 $\{(x, y) \mid x + y = 5$를 만족하는 $(x, y)\}$이므로 좌표평면에서는 직선 $x + y = 5$에 있는 점 (x, y) 전체의 집합이 됩니다.

집합 B는 $\{(x, y) \mid 2x + 4y = 16$을 만족하는 $(x, y)\}$이므로 좌표평면에서는 $2x + 4y = 16$에 있는 점 (x, y) 전체의 집합이 됩니다.

그러므로 집합 A, B의 교집합 $A \cap B$는 이 두 직선의 교점이 됩니다.

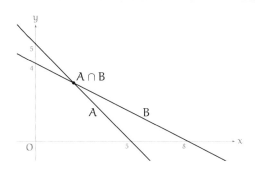

연립방정식

$$\begin{cases} x + y = 5 \\ 2x + 4y = 16 \end{cases}$$

을 풀면 교점 $(x, y) = (2, 3)$이 나오고

따라서

$$A \cap B = \{(x, y) | 원소가 (2, 3)만인 집합\}$$

이 되고

$$A \cap B = \{(2, 3)\}$$

이렇게 쓸 수 있습니다.

④

집합 A, B를 하나씩 써보면

$$A = \{1, 3, 5, 7, 9, 11, 13, \cdots\}$$
$$B = \{0, 2, 4, 6, 8, 10, 12, \cdots\}$$

따라서 집합 A, B의 교집합 A∩B에는 원소가 1개도 없습니다. 그러므로

$$A \cap B = \{x | x의 원소는 없다\}$$

가 되고 아래와 같이 표시할 수 있습니다.

$$A \cap B = \{\ \}$$
$$A \cap B = \varnothing$$

●●● **문제 3-3 (합집합)**

전체집합 U와 두 집합 A, B가 다음과 같을 때, 합집합 A∪B는 각각 어떤 집합을 나타내는지 구하시오.

① U = {x | x는 0 이상의 정수}

　A = {x | x는 3으로 나누면 나머지가 1이 되는 수}

B = {x | x는 3으로 나누면 나머지가 2가 되는 수}

② U = {x | x는 실수}

A = {x | x는 $x^2 < 4$를 만족하는 실수}

B = {x | x는 $x \geq 0$을 만족하는 모든 실수}

③ U = {x | x는 0 이상의 정수}

A = {x | x는 홀수}

B = {x | x는 짝수}

〈해답 3-3〉

①

집합 A, B를 하나씩 써보면

$$A = \{1, 4, 7, 10, \cdots\}$$
$$B = \{2, 5, 8, 11, \cdots\}$$

이 되고 집합 A, B의 합집합 A∪B는

$$A \cup B = \{1, 2, 4, 5, 7, 8, 10, 11, \cdots\}$$

이와 같이 나타낼 수 있고
아래와 같이 나타낼 수도 있습니다.

$A \cup B = \{x|x$는 3으로 나누면 나머지가 1 또는 2가 되는 수$\}$

$A \cup B = \{x|x$는 3으로 나누어떨어지지 않는 수$\}$

$A \cup B = \{x|x$는 3의 배수가 아닌 수$\}$

$A \cup B = \{x|x$는 3의 배수 전체의 집합의 여집합$\}$

②

집합 A는 $\{x|x$는 $x^2 < 4$를 만족하는 실수 전체$\}$이므로 $\{x|x$는 $-2 < x < 4$를 만족하는 실수$\}$ x로 바꾸어 말할 수 있습니다. 집합 A, B 및 $A \cup B$를 수직선으로 표시하면

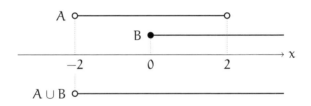

이 되므로 집합 $A \cup B$는

$$A \cup B = \{x \mid x$는 $x > -2$를 만족하는 실수$\}$$

로 나타낼 수 있고

$$A \cup B = \{x \mid x > -2\}$$

로 쓰기도 합니다.

③

집합 A, B를 하나씩 써보면

$$A = \{1, 3, 5, 7, 9, 11, 13, \cdots\}$$
$$B = \{0, 2, 4, 6, 8, 10, 12, \cdots\}$$

이 되고

$$A \cup B = \{0, 1, 2, 3, 4, 5, \cdots\}$$

가 됩니다. 즉 집합 A, B의 합집합 A∪B는 전체집합 U와 같습니다.

$$A \cup B = U$$

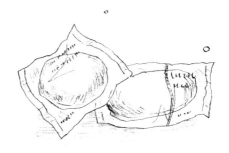

제4장의 해답

●●● 문제 4-1 (악수 문제)

본문(208쪽)에서 테트라가 그리려 한 8명이 악수하는 패턴 14가지를 모두 그려보시오.

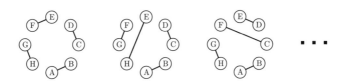

〈해답 4-1〉

이는 'A가 누구와 손을 잡느냐'에 따라 분류한 것입니다.

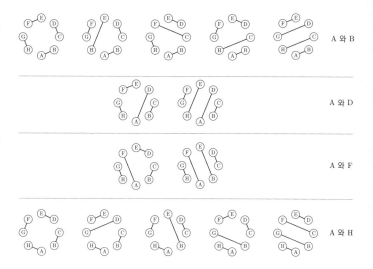

A 와 B

A 와 D

A 와 F

A 와 H

A는 누구와 손을 잡을까?

● ● **문제 4-2 (S에서 G로 가는 길)**

아래 그림처럼 4 × 4칸으로 된 길이 있다. 이 길을 따라 S에서 출발하여 최단거리로 G에 도착하는 경로의 수를 구하시오. 단, 개천에 물은 흐르지 않는다.

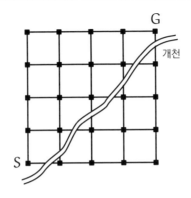

〈해답 4-2〉

각 교차점에 도달하는 경로의 수는 왼쪽의 교차점의 경로의 수와 아래의 교차점의 경로의 수를 더한 것이 됩니다. 다음 그림처럼 S에서 출발하여 순서대로 경로의 수를 적어나가면 G에 도착하는 경로의 수는 14개라는 것을 알 수 있습니다.

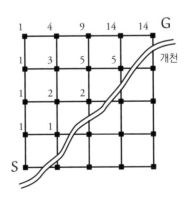

답: 14개

다른 풀이

개천 때문에 건널 수 없는 길을 정리하면 아래 그림처럼 위와 오른쪽으로 가는 길이 남게 됩니다. 위로 가는 길을 ↗, 오른쪽으로 가는 길을 ↘로 하면 이 문제는 제4장의 '경로 문제'와 같아집니다. 따라서 구하는 경로의 수는 카탈란 수 $C_4 = 14$가 정답입니다.

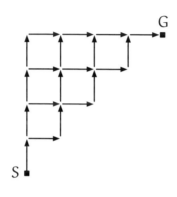

답: 14개

●●● **문제 4-3 (동전 배열)**

동전을 일렬로 배열하고 그 위에 동전을 올려놓는 경우의 수를 생각해보자. 단, 올려놓는 동전은 첫 줄에 배열한 동선 중 적어도 2개와 접하도록 놓아야 한다. 예를 들어 첫 줄에 배열하는 동전이 3개일 때 그 위에 동전을 올려놓는 방법은 다음의 5가지이다.

첫 줄에 배열하는 동전이 4개일 때 그 위에 동전을 올려놓는 경우의 수는 몇 가지인지 구하시오,

〈해답 4-3〉

동전을 삼각형으로 바꿔 이를 산이라고 생각해 보세요. 그러면 동전을 배열하는 방법은 산을 오르는 화살표와 산에서 내려오는 화살표의 배열 방법에 대응한다는 것을 알 수 있습니다. 아래 그림은 맨 처음에 배열하는 동전이 3개일 때의 모습을 나타낸 것입니다.

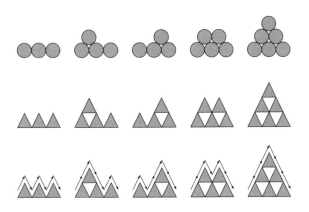

이는 제4장의 '경로 문제'와 같은 문제가 됩니다.

따라서 맨 처음에 배열하는 동전이 4개일 때 동전을 배열하는 경우의 수는 카탈란 수 $C_4 = 14$가 정답입니다.

답: 14개

●● **문제 4-4 (찬성·반대)**

다음의 조건을 만족하는 수의 그룹 $\langle b_1, b_2, \cdots, b_8 \rangle$은 모두 몇 개인지 구하시오.

$$
\begin{cases}
b_1 \geqq 0 \\
b_1 + b_2 \geqq 0 \\
b_1 + b_2 + b_3 \geqq 0 \\
b_1 + b_2 + b_3 + b_4 \geqq 0 \\
b_1 + b_2 + b_3 + b_4 + b_5 \geqq 0 \\
b_1 + b_2 + b_3 + b_4 + b_5 + b_6 \geqq 0 \\
b_1 + b_2 + b_3 + b_4 + b_5 + b_6 + b_7 \geqq 0 \\
b_1 + b_2 + b_3 + b_4 + b_5 + b_6 + b_7 + b_8 = 0 \ \ (등호) \\
b_1, b_2, \cdots, b_8 은 \ 모두 \ 1 \ 또는 \ -1 \ 중 \ 하나
\end{cases}
$$

〈해답 4-4〉

1을 ↗, −1을 ↘라 하면 이 문제는 제4장의 '경로 문제'가 됩니다.

$b_1, b_2, \cdots, b_8$은 모두 1 또는 -1 중의 하나가 된다는 조건과

$$b_1 + b_2 + b_3 + b_4 + b_5 + b_6 + b_7 + b_8 = 0$$

이라는 조건으로부터 $b_1, b_2, \cdots, b_8$ 중 1의 개수와 -1의 개수는 같아지고, 이는 ↗와 ↘의 개수가 같다는 의미가 됩니다.

그리고 다음의 조건은 땅속을 파고들어 가는 경로가 없다는 뜻입니다.

$$\begin{cases} b_1 \geqq 0 \\ b_1 + b_2 \geqq 0 \\ b_1 + b_2 + b_3 \geqq 0 \\ b_1 + b_2 + b_3 + b_4 \geqq 0 \\ b_1 + b_2 + b_3 + b_4 + b_5 \geqq 0 \\ b_1 + b_2 + b_3 + b_4 + b_5 + b_6 \geqq 0 \\ b_1 + b_2 + b_3 + b_4 + b_5 + b_6 + b_7 \geqq 0 \end{cases}$$

이와 같으므로 구하는 $\langle b_1, b_2, \cdots, b_8 \rangle$의 개수는 $n = 4$일 때의 경로의 수, 즉 카탈란의 수 C_4로 14가 정답입니다.

답: 14개

보충 설명

이 조건은 8명이 찬성표($+1$) 또는 반대표(-1)를 1명씩 투표하고

도중에 반대표가 찬성표를 넘지 않고 마지막에는 찬성표와 반대표가 같아지는 조건으로도 해석할 수 있습니다.

●●● 문제 4-5 (반사시켜 세어보기)

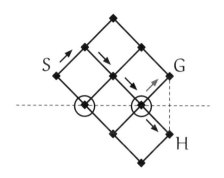

본문(223쪽)에서 '나'가 설명한 대로 반사시켜 세어보자.
'S에서 땅속을 파고들어 가 G에 도착하는 경로' 전부를 'S에서 출발하여 H에 도착하는 경로'로 변형해보시오.

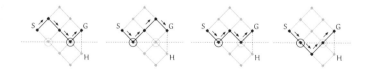

〈해답 4-5〉

아래와 같이 ○를 맨 처음 통과한 다음 ↗와 ↘를 맞바꿉니다.

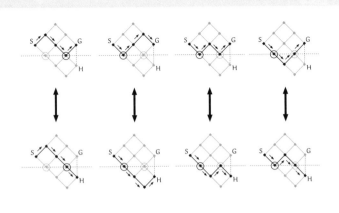

제5장의 해답

●●● **문제 5-1 (일대일 함수의 개수)**

본문(251쪽)에 일대일 함수의 이야기가 나온다. 3개의 원소를 가진 집합 X = {1, 2, 3}과 4개의 원소를 가진 집합 Y = {A, B, C, D}가 있다고 할 때, X에서 Y로의 일대일 함수 가운데 2개를 그린 것이 아래의 그림이다.

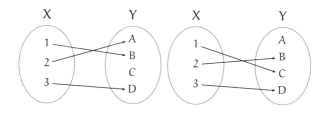

X에서 Y로의 일대일 함수는 모두 몇 개인지 구하시오.

〈해답 5-1〉

집합 X의 원소 1, 2, 3을 각각 집합 Y의 원소 A, B, C, D의 하나와 대응시킨 것인가를 생각해야 합니다. 구해야 하는 것은 일대일 함수의 개수이므로 대응되는 원소가 중복되지 않도록 주의합니다.

- 원소 1은 A, B, C, D의 4개 중 하나와 대응한다.
- 그 각각의 경우에 대해 원소 2는 원소 1이 대응하지 않은 3개의 원소 중 하나와 대응한다.
- 그 각각의 경우에 대해 원소 3은 원소 1과 원소 2가 대응하지 않은 2개의 원소 중 하나와 대응한다.

따라서 구하는 일대일 함수의 개수는

$$4 \times 3 \times 2 = 24$$

24개가 정답입니다.

답: 24개

또 다른 풀이

집합 X는 원소가 3개이며, 집합 Y는 원소가 4개입니다. X에서 Y로의 일대일 함수가 정해질 때, X의 원소에 대응되지 않고 남는 Y의 원소는 반드시 $4 - 3 = 1$개 존재합니다. 그 원소를 y라고 할 때 y의 선택 방법은 4가지입니다.

집합 Y에서 원소 y를 제외한 집합을 Y′라고 할 때, 집합 X에서 집합 Y로의 일대일 함수는 집합 X에서 집합 Y′로의 일대일 대응을 결정하는 것과 같으며, 그 수는 원소 3개의 순열의 개수인

$3 \times 2 \times 1$개와 같습니다.

따라서 구하려는 일대일 함수의 개수는

$$4 \times (3 \times 2 \times 1) = 24$$

24개가 정답입니다.

답: 24개

●● 문제 5-2 (위로의 함수의 개수)

본문(252쪽)에 위로의 함수 이야기가 나온다. 5개의 원소를 가진
집합 X = {1, 2, 3, 4, 5}와 2개의 원소를 가진 집합 Y = {A, B}
가 있다고 할 때, A에서 B로의 위로의 함수 가운데 2개를 그린 것
이 아래 그림이다.

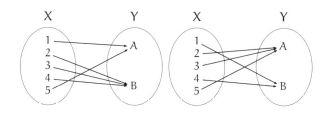

X에서 Y로의 위로의 함수는 모두 몇 개인지 구하시오.

<해답 5-2>

먼저 집합 X에서 집합 Y로의 모든 사상의 개수를 구합니다.

집합 X의 원소 1은 집합 B의 원소 A 또는 B 중 하나에 대응되므로 2가지 경우가 있습니다. 그 각각에 대해 원소 2도 A나 B 중 하나에 대응됩니다. 집합 X의 원소 5개에 대해 이와 같이 생각하면 집합 X에서 집합 Y로의 모든 사상의 개수는 2^5개가 됩니다.

이 문제에서 구해야 하는 것은 위로의 함수이므로

- 집합 X의 모든 원소가 A에 대응되는 경우
- 집합 X의 모든 원소가 B에 대응되는 경우

이 2개의 사상은 제외해야 합니다(위로의 함수는 빠짐이 없어야 하므로). 따라서 구하려는 위로의 함수의 개수는

$$2^5 - 2 = 30$$

30개가 정답입니다.

답: 30개

또 다른 풀이

구하려는 위로의 함수의 개수는 집합 X를 2개의 공집합이 아닌 2개의 부분집합으로 나누어 그 각각에 A와 B라는 이름을 붙이는

경우의 수와 같습니다.

$$\begin{Bmatrix} 5 \\ 2 \end{Bmatrix} \times 2 = 15 \times 2 = 30$$

따라서 30개가 정답입니다.

답: 30개

n개의 원소를 가진 집합을 공집합이 아닌 r개의 부분집합으로 나누는 방법의 수 $\begin{Bmatrix} n \\ r \end{Bmatrix}$이 본문에 나온다. 무라키 선생님의 카드에 나온 표보다 더 큰 아래의 표를 완성하시오.

r n	1	2	3	4	5	6
1	1	0	0	0	0	0
2	1	1	0	0	0	0
3	1		1	0	0	0
4	1			1	0	0
5	1				1	0
6	1					1

〈해답 5-3〉

다음과 같습니다.

r n	1	2	3	4	5	6
1	1	0	0	0	0	0
2	1	1	0	0	0	0
3	1	3	1	0	0	0
4	1	7	6	1	0	0
5	1	15	25	10	1	0
6	1	31	90	65	15	1

실제로 부분집합을 만들어도 상관없으나 수가 커지면 매우 복잡해집니다. 본문(287쪽)에 나오는

$$\begin{Bmatrix} n \\ r \end{Bmatrix} = \begin{Bmatrix} n-1 \\ r-1 \end{Bmatrix} + r \begin{Bmatrix} n-1 \\ r \end{Bmatrix}$$

점화식을 사용해서 표의 각 열을 위에서부터 차례로 구하는 것이 수월합니다. 예를 들어 $\begin{Bmatrix} n \\ 2 \end{Bmatrix}$의 열은

344

$$\begin{Bmatrix} n \\ 2 \end{Bmatrix} = \underbrace{\begin{Bmatrix} n-1 \\ 1 \end{Bmatrix}}_{\text{왼쪽 위}} + 2 \times \underbrace{\begin{Bmatrix} n-1 \\ 2 \end{Bmatrix}}_{\text{바로 위}}$$

이러한 식을 사용하여 다음처럼 구할 수 있습니다.

$$\begin{Bmatrix} 2 \\ 2 \end{Bmatrix} = 1$$

$$\begin{Bmatrix} 3 \\ 2 \end{Bmatrix} = 1 + 2 \times 1 = 3$$

$$\begin{Bmatrix} 4 \\ 2 \end{Bmatrix} = 1 + 2 \times 3 = 7$$

$$\begin{Bmatrix} 5 \\ 2 \end{Bmatrix} = 1 + 2 \times 7 = 15$$

$$\begin{Bmatrix} 6 \\ 2 \end{Bmatrix} = 1 + 2 \times 15 = 31$$

이 책에 나오는 수학 관련 이야기 외에도 '좀 더 생각해보고 싶은' 독자를 위해 다음과 같은 연구 문제를 소개합니다. 이 문제들의 해답은 이 책에 실려 있지 않으며, 오직 하나의 정답만이 있는 것도 아닙니다.

여러분 혼자 또는 이런 문제에 대해 대화를 나눌 수 있는 사람들과 함께 곰곰이 생각해보시기 바랍니다.

제1장 레이지 수전을 탓하지 마

●●● **연구 문제 1-X1 (옆자리에 앉기)**

n명이 원탁에 앉는다고 할 때($n \geq 2$), 미리 정한 2명이 옆자리에 앉을 경우의 수는 몇 가지일지 생각해보세요.

●●● **연구 문제 1-X2 (뭉쳐서 앉기)**

n명이 원탁에 앉는다고 할 때($n \geq 2$), n명 중 미리 정한 k명($2 \leq$ k $\leq n$)이 나란히 앉는 경우의 수는 몇 가지일지 (1)의 경우와 (2)의 경우를 따로 생각해보세요.

(1) k명이 앉는 순서는 구별하지 않고 나란히 앉기만 하는 경우
(2) k명이 앉는 순서를 구별해 앉는 경우

●●● **연구 문제 1-X3 (같은 보석이 들어 있는 구슬 목걸이)**

4개의 보석을 꿰서 구슬 목걸이를 만든다고 할 때 2개가 같은 보석으로 구별되지 않는다면 몇 종류의 목걸이를 만들 수 있는지 생각해보세요(즉, 보석은 A, A, B, C로 구성).

심화: 목걸이를 만드는 모든 경우의 수를 그림으로 그려보세요.

수형도가 경우의 수를 '빠짐없이 겹치지 않게' 셀 때 편리한 이유를 생각해보세요.

제2장 조합해서 놀자

●●● 연구 문제 2-X1 (순열과 조합)

아래 그림은 5명 중에서 2명을 선택할 때 '순열'과 '조합'의 관계를 그린 것입니다. 5명 중에서 3명을 선택할 때도 이와 같은 그림을 그릴 수 있는지 생각해보세요.

5명 중에서 2명을 선택 '순열'

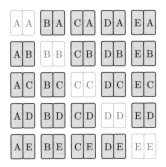

5명 중에서 2명을 선택 '조합'

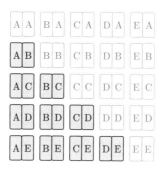

● ● ● **연구 문제 2-X2 (파스칼의 삼각형)**

제2장에서는 파스칼의 삼각형에서 성립되는 다양한 법칙에 대해 이야기합니다. 여러분도 흥미로운 법칙을 한번 찾아보세요.

● ● ● **연구 문제 2-X3 (조합과 중복된 만큼 나누기)**

n명 중에서 r명을 선택하는 조합의 수는

$$\frac{n!}{r!\,(n-r)!}$$

이렇게 계산할 수 있습니다. 이 식에서 $r!$ 및 $(n-r)!$로 나누는 나눗셈이 나오는데, 이 식을 '중복된 만큼 나눈다'고 할 때 어떤 것이 중복되었는지 생각해보세요.

●●● 연구 문제 3-X1 (벤다이어그램과 이진수)

제3장에서는 '나'와 유리가 벤다이어그램의 패턴과 이진수를 표로 만들었습니다(p.156). 교집합, 합집합, 여집합을 구하는 것이 이진수에서는 어떤 계산에 대응하는지 생각해보세요.

●●● 연구 문제 3-X2 (등호성립의 조건)

제3장의 해답 3(p.175)에 등장한 다음의 부등식에서 어떤 경우에 등호가 성립하는지 생각해보세요.

$$n(A) \geq 0$$
$$n(A \cap B) \leq n(A)$$
$$n(A \cup B) \geq n(A)$$
$$n(A \cup B) \leq n(A) + n(B)$$

●●● 연구 문제 3-X3 (일반화)

제3장에서는 세 집합 A, B, C의 '원소 개수의 관계식'에 대해 알

아보았습니다(p.182). 똑같은 계산을 네 집합 A, B, C, D로 생각해보고, n개의 집합 A_1, A_2, ⋯, A_n으로도 생각해보세요.

●●● 연구 문제 3-X4 (부분집합의 개수)

집합 A에 속하는 원소를 0개 이상 사용하여 만들 수 있는 집합을 A의 부분집합이라고 합니다. 예를 들어 집합 A를

$$A = \{1, 2, 4, 8\}$$

이라 할 때 다음은 모두 A의 부분집합이 됩니다.

$$\{ \}$$
$$\{2\}$$
$$\{1, 8\}$$
$$\{1, 2, 4, 8\}$$

그렇다면 A의 부분집합은 모두 몇 개인지 생각해보세요.

●●● 연구 문제 3-X5 (규칙성의 발견)

제3장의 해답 1(p.151)에 등장하는 16개의 패턴에서 볼 수 있는

규칙성은 무엇인지 생각해보세요.

제4장 넌 누구랑 손잡을래?

●●● 연구 문제 4-X1 (이진 트리의 개수)

아래와 같은 도형을 이진 트리(binary tree)라고 합니다. 이진 트리의 특징은 위에서 내려온 가지는 ○을 만날 때마다 좌우로 갈라지고 마지막은 반드시 ■에서 끝난다는 점입니다. 그렇다면 ○이 n개 있을 때 이진 트리의 개수는 카탈란 수 C_n이 된다는 것을 증명해보세요. 아래 그림은 $n = 3$일 때의 이진 트리를 나타낸 것입니다($C_3 = 5$개).

●●● 연구 문제 4-X2 (금속 단자의 접속 방법)

이번에는 n개의 금속 단자를 전선으로 접속하려 합니다. 아래 그림은 $n = 3$일 때의 접속 방법을 나타낸 것입니다(5가지).

전선은 교차하면 안됩니다. 예를 들어 $n = 4$일 때 아래 그림(왼쪽)처럼 전선이 교차된 것은 아래 그림(오른쪽)처럼 접속한 것으로 간주합니다.

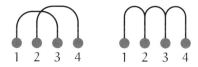

아래 그림처럼 뛰어넘는 것은 괜찮습니다.

이때 접속 방법의 수가 카탈란 수 C_n과 같다는 것을 증명해보세요.

●●● 연구 문제 4-X3 (악수하는 방법)

에필로그(p.299)의 마지막에 소녀가 생각한 순서를 이용하여 문제 4-1(p.235)에 등장한 악수하는 방법 14가지를 모두 그려보세요.

제5장 지도를 그리다

●●● 연구 문제 5-X1 (점화식과 표)

집합 {1, 2, 3, 4, 5}를 공집합이 아닌 3개의 부분집합으로 나누는 방법(25가지)을 구체적으로 써보세요. 이때 아래의 점화식(p.287)이 성립함을 잘 나타낼 수 있도록 함께 생각해보세요.

$$\begin{Bmatrix} n \\ r \end{Bmatrix} = \begin{Bmatrix} n-1 \\ r-1 \end{Bmatrix} + r \begin{Bmatrix} n-1 \\ r \end{Bmatrix}$$

●●● 연구 문제 5-X2 (연관 관계)

제5장에서 테트라는 '연관 관계'에 대해 고민하였습니다(p.248). 여러분은 '연관 관계'에 대해 어떻게 생각하시나요. '연관 관계'의 장점과 단점에 대해 자유롭게 논의해보세요.

《수학 소녀의 비밀노트-두근두근 경우의 수》를 읽어주셔서 감사합니다. 이 책에는 순열, 조합, 원순열, 염주순열, 중복순열, 카탈란 수, 그리고 제2종 스털링 수까지 경우의 수와 관련된 다양한 개념을 담아냈습니다.

이 책은 케이크스(cakes)라는 웹사이트에 올린 인터넷 연재물 '수학 소녀의 비밀노트' 제61회부터 제70회까지를 재편집한 것입니다. 이 책을 읽고 '수학 소녀의 비밀노트' 시리즈에 관심이 생기신 분들은 온라인에 연재 중인 내용도 읽어주시기 바랍니다.

'수학 소녀의 비밀노트' 시리즈는 수학을 주제로 중학생 유리와 고등학생 테트라, 미르카, 그리고 '나'가 다양한 문제를 함께 풀어나가는 이야기입니다.

같은 등장인물들이 활약을 펼치는 '수학 소녀'라는 다른 시리즈도 있습니다. 이 시리즈는 좀 더 폭넓은 수학에 도전하는 수학 청춘 스토리입니다.

'수학 소녀의 비밀노트'와 '수학 소녀', 두 시리즈 모두 응원해 주시기 바랍니다.

이 책은 LATEX2ε과 Euler 폰트(AMS Euler)를 이용해 조판했습니다. 조판 과정에서는 오쿠무라 하루히코 선생님이 쓰신 《LATEX2ε 美文書作成入門》의 도움을 받았습니다. 감사합니다. 책에 실은 도표는 OmniGraffle, TikZ를 이용해 작성했습니다. 감사합니다.

원고를 집필하는 도중에 제 원고를 읽으시고 소중한 의견을 보내 주신 분들과 하단에 소개할 분들 외에도 익명으로 댓글을 날아주신 많은 분들께 감사드립니다. 혹시라도 이 책에 오류가 있다면 모두 저의 책임이며, 아래에 소개하는 분들께는 책임이 없습니다.

아사미 유타, 이가라시 류야, 이가와 유스케, 이시우 데츠야, 이나바 가즈히로, 이와와키 슈고, 우에스기 나오야, 우에하라 류헤이, 우에마츠 미사토, 우치다 다이키, 우치다 요이치, 오니시 겐토, 가가미 히로미치, 기이레 마사히로, 기타가와 다쿠미, 기쿠치 나츠미, 기무라 이와오, 구도 준, 게즈카 가즈히로, 다테(사카구치) 아키코, 다테 세이지, 다나카 가츠요시, 다니구치 아신, 하라 이즈미, 후지타 히로시, 후루야 에이미, 호라 류야, 본텐 유토리(메다카칼리지), 마에하라 마사히데, 마스다 나미, 마츠유라 아츠시, 미사와 소타, 미야케 기요시, 무라이 겐, 무라오카 유스케, 야마다 다이키, 야마모토 료타, 요네우치 다카시.

'수학 소녀의 비밀노트'와 '수학 소녀' 시리즈를 줄곧 편집해주고 있는 SB 크리에이티브의 노자와 키미오 편집장님께 감사드립니다.

케이크스의 가토 사다아키 씨께도 감사드립니다.

글을 쓰는 동안 응원해 주신 모든 분들께도 감사드립니다.

세상에서 가장 사랑하는 아내와 아이들에게도 감사 인사를 전합니다.

이 책을 끝까지 읽어주셔서 감사합니다.

그럼 다음 '수학 소녀의 비밀노트'에서 다시 만나요!

유키 히로시

www.hyuki.com/girl